故事背后的数学逻辑

［美］约翰·阿伦·保罗斯　著

史树中　杨　杰　熊德华　唐国正　译

史树中　校

上海科学技术出版社

图书在版编目（CIP）数据

故事背后的数学逻辑 /（美）约翰·阿伦·保罗斯
(John Allen Paulos) 著；史树中等译. -- 上海：上
海科学技术出版社，2023.1
　（砺智石丛书）
书名原文：Once Upon a Number: The Hidden
Mathematical Logic of Stories
　ISBN 978-7-5478-6008-3

Ⅰ. ①故… Ⅱ. ①约… ②史… Ⅲ. ①数学－普及读
物 Ⅳ. ①O1-49

中国版本图书馆CIP数据核字(2022)第215095号

故事背后的数学逻辑

[美] 约翰·阿伦·保罗斯　著

史树中　杨　杰　熊德华　唐国正　译

史树中　校

上海世纪出版（集团）有限公司
上 海 科 学 技 术 出 版 社　出版、发行
（上海市闵行区号景路159弄A座9F-10F）
邮政编码201101　www.sstp.cn
常熟市华顺印刷有限公司印刷
开本 787×1092　1/16　印张 11
字数 140千字
2023年1月第1版　2023年1月第1次印刷
ISBN 978-7-5478-6008-3 / O·109
定价：48.00元

献给最机敏的哲学家大卫·休谟（David Hume），他写道，"我不能把自己看成知识王国的某种居民或使者来面临对话者，而将认为我持久的责任是促进这两种人之间的良好交往，他们之间的相互信赖至关重要。"

目 录

引　言

说我们的关系势不两立，那是夸大其词；我活着，我让我自己活着，因而博尔赫斯能够编织他的文学，文学证实了我的存在……我不知道我们中还有谁在写这样的一页。

——豪尔赫·路易斯·博尔赫斯

（Jorge Luis Borges）[1]

正当胖子黯然地嘿嘿苦笑时，她转身面向这位她钟爱过的叔叔。随着他神经质地逐步退向宾馆客房的门口，她肆无忌惮地撕毁了从他的夏威夷衬衫口袋中掏出来的文件。她对他的脂肪和口是心非都毫不掩饰地厌恶，斥骂道："1995年7月到1997年6月之间的所有破产记录中，有22.8%可归因于错误的法律咨询，而超过9.2%是最近两年发生的。"

"我已经尽力而为了，"273磅重的胖子哭丧着回答。他尽量不进一步激怒他的侄女，而她已气得不顾她柔弱的体形、113磅的体重和天使般的脸庞能否承受这样严重的打击。然而，当他在过道中站稳后，又振作起来辩白："多项研究的综合分析指出，少于40%的法律上的渎职案例是出于恶意，失控是因为力不能及。"这时她扑向他，在他臃肿的背后用她有力的尖手指掐他的厚脖子，撕他的衬衣。

正如在这个小品中那样，我们在日常生活中讲述故事时，经常会不合时宜地融入一些自以为有关的统计，即使在表面上两者并不互相冲突。我们的故事总是充满一些出于欲望、恐惧以及可能对通心粉的偏爱而做事的人们。每一种特殊的环境和局面在每一种描述中都被夸大其词。然而在统计中，很少有当事人，只有图表和数字、一般规律、运算过程。特殊性和细节通常都被当作无关紧要的因素而舍弃。

叙述与数字之间的胡乱联结，从凡人琐事——把相关误认为一种因果联系一直到至理名言中都会发生。最近的一个例子是圣经密码现象，它体现了我们对故事的渴望与被非主观统计吸引之间的冲突。这种狂热起始于埃利亚胡·里普斯（Eliyahu Rips）和另外两位以色列数学家在一份统计学杂志上发表的一篇论文，该论文似乎暗示，《律书》（Torah）——圣经旧约的第五卷包含许多所谓等距字母序列，或称 ELS（equidistant letter sequences），它们揭示了许多人物、事件和日期之间意味深长的关系。

一个 ELS 是一个字母序列（这里是希伯来文字母），其中每一个字母与前一个字母之间被一个固定长度的字母串隔开。原文中的词都被考虑在内，而它们之间的间隙被忽略。这样，英语词 generalization（一般化）就包含一个 "Nazi（纳粹）" 的 ELS——geNerAliZatIon——其中固定的字母间隔只有 3 个字母（通常，ELS 的字母间隔要长得多，从某个开始的字母算起，诸如第 23、46、69、92 个字母等）。论文发现，生活在圣经时代以后的几个世纪中的著名犹太法师的名字和他们的生日的 ELS（及其变种）经常一起隐藏在《律书》的正文中，而发生这样的事情的概率是微乎其微的。

这篇论文的发表被杂志的编辑们看作一种数学之谜：在那些可以被认为是低概率的事件中，实际上究竟如何？然而，这并不是论文被接受的原因。各种团体都扑向这一"证据"，因为他们已经有过以前的基督教和伊斯兰教的数字命理学的发现，并且他们声称，这是《律书》中神的灵感的证明。迈克尔·德罗斯宁（Michael Drosnin）的国际畅销书《圣经密码》（*The Bible Code*）甚至更进一步地宣称，在《律书》中发现伊扎克·拉宾（Itzhak Rabin）[2] 被刺杀和另一些现代事件的预言。毫不令人惊奇的是，也有人找出与长年不衰的肯尼迪（J. Kennedy）[3] 事件的联系，一个对于 Kennedy 的 ELS 的不远处是对于 Dallas（达拉斯）的 ELS。虽然我将在本书的后面讨论这一问题的解答，以及圣经密码背后的简单数学，这里我先要提出的是：我们对破解故事、当事人和动机的渴望是如此强烈，使得无上下文的字母序列都会被许多人看作含义无穷。

上面提到的小片断只是以两种不良方式来说明故事与统计之间是可以沟通的。本书旨在以更聪明的方式来弥补和探测它们间的缺口，还讨论了如何把故事和统计都纳入我们生活的非技术问题；我们怎样回答也有助于定义我们是谁。

几乎每一个人都见过纽约市中心（或者某个其他城市）的海报，它用该市的全景显示其地区魅力，而世界的其余部分在海报的遥远背景中退化为一个点。与此类似，我们的心理世界也是以自我为中心，其他人形成我们生活的背景，以及最烦人的是，我们也形成了他们的背景。怎样才能使这些地区海报和自我观念，与精确的地图、外部复杂性和无实体的视角相互协调？

问题还在于，在怎样的范围内，故事与统计之间的逻辑和心理缺口，以致主观视角与非主观概率之间、无形式聊天与形式逻辑之间以及含义与信息之间的缺口，被弥补或至少被澄清？在文学和科学之间存在类似的不太稳定的互补性。个人的视角、可能的情景、惯用的原型和奇异的怪僻之类的文学讨论，难以与客观的对象、确定的结局、宇宙的真理和一般的案例之类科学报告结对。沿着稍有不同的路线，诸如幸运和奇迹那样的词与机会和巧合那样的术语相提并论，也会使人感到别扭。

我们能否成功地在那些只用好人坏人来看世界的人与那些用机会和数字来看世界的人之间，"文学"文化与"科学"文化之间，以及阴谋论者与"无处可去的人"之间的鸿沟上架桥？在一个日益网络化的世界中，不低估科学客观性的纯个人观察和姿态是否能赢得受尊重的地位？如果是，那么怎样把几乎每个人都感受到被侵犯、却几乎没有一个人认为自己侵犯别人的事实弄清楚？

例如，我们怎样来画出一张既包含人性意义、又包含零七碎八的信息，并将它们融会贯通的图？以什么方式来使故事（比如，女人和她的胖叔叔）和统计（比如，法律上渎职的统计）恰到好处地融为一体？统计概念是否使耳熟能详的故事和事件所提出的观念更为细化和升华？复杂性和"自由秩序"的数学概念的叙事含义是什么？在公众中运用统计的文学解释是什么？文学批评应该与密码学联系起来做些什么？

在下列互相关联的随笔中，我希望对这些问题提出一孔之见，但也希望它能入木三分。与故事和统计之间明显的鸿沟（诸如误把奇闻当作统计证据，或者相反，取平均水平来描述个别情形）相联系的某些怪事和问题，是把在一个领域中合适的逻辑用到另一个迥然不同的领域中去的结果。不像数学或物理科学的逻辑，无形式的、日常逻辑的真值至关紧要地依赖于上下文，以及在任意情况下独特的、不可替换的方面。把一场游戏或活动的特定条件，或者说，对于特殊宗教信念的特定条件，放大到物理宇宙中去——或者相反，从物理定律中得出此类游戏、活动或个人宗教信仰的策略——仅仅是诸领域间这种混淆的一个例子。对圣经密码赋予含义也是如此，只是方式上略有不同。

个人与客体之间的关系经常是微妙的。我们怎样定义问题会影响问题的解决；例如，当个人选择的彩票号码似乎比机器取出的号码更

有希望中彩（即使被机器选中与被任何别的人选中的是一样的任意号　　5
码集）时，这样的事就会发生。更为一般的是，我们的公共知识和隐
含理解将我们密不可分地联系在一起的方式指向了标准数学实践的某
种有趣扩展。

在小品与寓言之间，我将讨论相替代的逻辑、来自概率和统计的
观念、编码和信息论、科学哲学，以及一丁点文学理论，并且用它们
来描绘触及我们世界的两种基本方式——叙述和数字之间的内在联系。
为它们之间的缺口架桥，曾经是我以前所有的书中以这样那样的方式
所予以的关注所在。我想，这也是我们中 63.21% 的人的关注所在。

译者注：

1. 博尔赫斯（1899—1986），阿根廷作家。
2. 拉宾（1922—1995），以色列总理。1995 年被右翼分子刺杀。
3. 肯尼迪（1917—1963），1960 年当选为美国总统。1963 年在达拉斯被刺身亡。
   对他的被刺调查了二十几年，始终没有定论。至今仍有各种新的说法问世。

第一章

故事与统计之间

> "一种铋的同位素马上就要出现了！"我望着从一颗"超
> 新星"中迸发出的新元素，急匆匆地说："我们打赌！"
>
> 伊塔洛·卡尔维诺
>
> （Italo Calvino）[1]

故事与统计？把它们并列在一起算什么意思？数字构成的文学？体育新闻中的特点？还是哈里斯（Harris）、菲尔德（Field）、盖洛普（Gallup）或者扬克洛维奇（Yankelovich）的传记？如果公之于世，大多数人大概都会冷嘲热讽，把故事与统计放在一起，真是风马牛不相及。可是本书却要认真对待它们之间的关系。

它的前提之一在于，随着时间推移，讲故事和无形式聊天一般都会产生统、逻辑和数学中所使用的互补思维模式。尽管后者的技巧也许掌握起来更困难，甚至与我们的直觉相悖。首先我们讲故事，然后——一眨眼间——我们引用统计数据。

这里有很多模模糊糊地类似"孕育"的关系：特殊对一般，主观对普遍，直觉对证据，戏剧性对永恒性，第一人称对第三人称，专用的对标准的。每对中的前者可能不太被重视，但为后者奠定或提供基础。这样，主观性的感觉是普遍性评价的必要前提，而当下戏剧性的沉浸感会逐步导致永久性的认知。

用一种自然主义的方式去思索这些对立面就会发现，它们之间的裂口更多地涉及传统、程度和术语，而并非是某种深不可测的鸿沟。我深信确实如此；因为故事与统计之间的缺口只是人们熟知的斯诺（Charles Percy Snow）[2] 主张的两种文化——文学与科学之间的缺口的类比物，我的某些观点可能会引起比最初显示的反应更为广泛的回响。（我有时在相当广的意义下使用统计这个词。）由于举隅法（synecdoche）是一个用于描述讲话的文学术语，其中用部分替代整体，或者有时也用相近的别的方式，它的用法有点类似于用样本替代总体。卖弄这一丁点统计概念，我们已经使第一条试探性的线索跨越鸿沟。

最 初 的 微 光

概率与统计的概念并不像我们现在在数学课上遇到的那样，一下子就详细严谨地出现在我们的面前。古代的故事中就曾经有过平均值与方差观念的萌芽。那时，骨头和石块已经作为骰子在使用。关于可能性的引用已出现在早年的文献中。至少对于某些文献来说，日常生活中机会的重要性已得到清楚的理解。不难想象概率的思想是如何在我们祖先的脑海中飘荡。（如果我很幸运，我将在他们吃完兽肉前回来；这看起来不像是他们留下的未动用的牛，而是像偷了他采集的橡树果；他通常要夸大他的猎获数。）

几千年后，随着帕斯卡（Blaise Pascal）[3] 和费马（Pierre de Fermat）[4] 在 17 世纪利用机会和概率来解决某些赌博问题时，机会和概率的概念就被形式化。拉普拉斯（Pierre Simon Laplace）[5] 和高斯（Carl Friedrich Gauss）[6] 在随后的一个半世纪里进一步把它们应用到科学问题中。凯特勒（Adolphe Quetelet）[7]和杜克海姆（Emile Durkheim）[8]在19世纪用它们来帮助理解社会现象中的规律。［掷4次单个骰子至少出现一个6的机会，要比掷24次一对骰子而至少出现一个12的机会大；一种基本粒子在下一分钟衰变的概率是0.927；民意调查指出，支持对枪械立法控制的五分之四以上的选民投戈尔（Al Gore）[9]的票。］

在浏览了统计学历史的特别快车后，让我放慢速度来注意概率和统计中许多最突出的观念的口语渊源。首先考虑处于中心位置的一些概念：平均值、中位数、众数等等。它们大部分都来自一些日常用词，如：通常、惯常、典型、同样、中等、大多数、标准、陈规、期望、正常、平常、中间、常规、普通、不好不坏，如此等等。很难想象史前人不具备一些典型的初步观念，即使他们缺乏上面那些词汇。诸如暴风雨、动物或者岩石等任何状况或实体一而再再而三地发生，看来都会很自然地导致一种典型或平均回归的概念。

再来考察统计变化的概念：标准差、方差之类的先驱。它们是这样的一些词，诸如：不寻常、古怪、奇怪、独特、原始、极端、特殊、不一般、唯一、不正常、不一样、迥异、不同、怪异、太离谱等等。用俚语来表达异常特别有趣，因为一个观察值远远落在一个统计分布图形的"尾部"，是罕见而不寻常的，预示问题中量的一种很高的变化程度。随着时间的推移，任何周而复始的状况或实体，都将暗示一个不同寻常的例外。如果某些事件是普通的，其他事件就是罕见的。

概率本身则是用这样一些词来表达的，诸如：机会、可能性、命运、机遇、上帝、运气、幸运、意外、随机，以及许多其他的。请注意，仅仅是为接受对于故事叙述至关重要的多线索和悬念，几乎总是需要某些概率的概念；某些情节将被裁定为是否比另一些情节更为可能。挑选重复发生的状况和实体的某些方面的需要，也导致了抽象的关键统计概念：取样，它在通常的词中被反映为诸如：实例、情形、例子、横截面、观察、标本，以及样本等。同样，一种自然地把一些

类似的东西放在一起的智力过程，就使人会提出重要的相关性观念，
它有以下一些相关词（可以这样说）：联合、连接、关系、联结、关　　10
联、一致性、依赖性、相称，以及一向都比较便利的原因等。

　　正如库佐尔特（R. P. Cuzzort）和詹姆斯·弗雷托斯（James
Vrettos）在《统计推理的初等形式》（*The Elementary Forms of Statistical
Reason*）中所论证的，甚至那些不大为人们所熟知的统计观念，诸
如质量控制、标准化、假设检验、所谓贝叶斯（Thomas Bayes）[10]分
析（即有了新的证据后如何修正我们的概率估计）和聚类分析，都对
应着与人类的认知和讲故事融为一体的常识用语和观念。就像莫里哀
（Molière）[11]的主人公惊愕地发现他的一生都在说散文一样，许多人得
知他们当作常识的许多东西就是统计，或者更一般的，就是数学，也
会感到大吃一惊。书中也说到，"算账（account）"这个词不仅用于数
数，也用于叙事。

　　不管是否承认，当我们根据一个人极少的行为样本作为第一印象，
对他进行重要的判断时，我们都是统计学家。数理统计与它的日常变
种之间的差别，仅仅在于叙述的形式化和目标的严格性程度。标准差
是根据特定的规则和定义计算出来的，相关系数、等级和统计、x平
方值和平均值（它们是什么在这里并不重要，虽然我坚持能通过故事、
一般情形来与这些概念沟通）也是如此；但是它们的日常用语族类却
不能如此形式化。

　　这些术语的世俗运用也可能受到限制。喜剧演员史蒂文·莱特
（Steven Wright）讲过他去一家服装商店的故事，他告诉服务员，他
要一件"特中号"衬衫。我已经多次转述这个例子（通常是在冷饮厅
里），并且已经发现，通常它会使人们莫名其妙片刻。很明显，平均值　　11
的正式性质使这句话变得"特啰唆"。（或许可以说对我的例子"特讨
厌"。）同样，人们赏识加里森·凯勒（Garrison Keillor）[12]的沃勃贡效
应的幽默，是通过"几乎所有人都在平均值以上"，或者是在西弗吉尼

亚最近的报纸大标题里读到的"本地区失业率上升，但仍处于最低纪录之下"。最近我在本地的一家电台听到诸如"调查显示，一部分选民支持采取主动"之类空洞无物的评论，也提供了另外的例子：除非大家都痛恨采取主动，否则总是对的。

伟大的法国数学家拉普拉斯曾写道："概率论说到底无非是把常识简化为计算。"比他年长得多的同代人伏尔泰（Voltaire）[13] 补充道："常识并不那么平常。"

作为统计的上下文的故事

不幸的是，人们一般无视统计的形式概念、非形式理解，以及由此所生成的故事之间的联系。他们把数看作来自一个与叙述不同的领域，而不是看作对叙述的提炼、补充或者概要。人们经常以干瘪的形式来引用统计，而没有支持统计的故事和上下文，而上下文对赋予其含义来说是必需的*。

12

上下文的作用是内在的、因人而异的。正如在后面章节中将讨论的那样，人们没有完全意识到，我们怎样刻画人物和事件，怎样看待它们的环境和背景，以及怎样把它们嵌入故事中去，通常会在很大程度上决定我们把它们设想为什么。例如，我们把某个人沃尔多（Waldo）描绘成来自 X 国的人，而那里 45% 的居民都有某种特征；如果我们不知道关于他的任何其他事，那么假定沃尔多有 45% 的可能性具有这种特征看来是合理的。但是如果我们把沃尔多描绘成属于某个种族，而 X、Y、Z 三国中所有该种族的人中，有 80% 的人都有所提到的特

---

* 不仅是上下文在故事和统计之间提供一个连接，连"上下文（context）"这个词本身也是如此。事实上，如果我们把 context 强行拆散成 conte 和 xt，那么 conte 的含义就是小故事或者小历险记，而 xt 则是在统计和数学中一般最常用的变量符号；这样 context 可以看作在这两个领域中架桥。——原注

征，那么我们多半会说，沃尔多有 80% 机会有此特征。如果我们把沃尔多描绘为属于某个 X 国的组织，而该组织成员中仅有 15% 的人有此特征，那么我们就会提出他有此特征的机会只有 15%。在一个范围内，采用哪一种描述（或它们的组合）取决于我们自己，以致我们无比信赖地引用的令人愉悦的精确统计数据，将依赖于我们怎样看待沃尔多，沃尔多的统计也由此变成什么样（记录表明沃尔多并没有所述特征）。

更为平常的是，问题并不在于我们的态度，而在于我们的知识。我们干脆就不知道我们读到或听到的绝大多数统计的外在含义。在我们阅读报上的新闻故事时，应该结合上下文，例如，正在进行某种调查的统计员真正要问的问题是什么。当然，我们希望得到诸如多少、可能性多大、什么百分比之类的问题的答案。但是我们也想知道，关于无家可归者或虐待儿童的数据，是来自比如警察的记录报告（这种情形下可能偏低），还是来自科学控制下的研究（这种情形下又可能有点偏高），或者来自某个乱抡意识形态大斧*的组织所发行的出版物（这种情形下取决于意识形态，很有可能极高或极低）。

没有周围环境的故事、背景知识以及一些统计来源的指示，评估它们的可靠性是不可能的。常识和非形式逻辑作为对形式统计概念的理解，对这一评估来说是实质性的，两者都是正确计算的前提条件。尽管许多故事不需要数字，某些没有统计支持的理由，就会被当作道听途说而被忽视。相反，虽然有些图景几乎不言而喻，没有任何关联的统计总是会变得不知所云，毫不相干，甚至毫无意义。

考虑最近的两条新闻，消费物价指数（CPI, Consumer Price

---

* 一份由反对死刑的组织最近提出的研究报告指出，在费城犯有谋杀罪的黑人被判处死刑的是其他人的四倍。尽管判决的种族歧视肯定有问题，但是使用事件的优势率（技术上定义为事件发生的概率除以不发生的概率的比率）就使它被大大夸张。例如，如果 99% 的黑人是由于犯有非常残忍的谋杀而被判死刑，而其他人被判死刑只有 96%，那么黑人被判死刑的优势率（0.99/0.01）将是其他人的四倍（0.96/0.04）。——原注

14 Index）和兄弟姊妹之间出生顺序的影响。要理解 CPI 对经济的宏观影响，需要人们不仅要对比率和指数增长有鉴别能力，并且还要对经济理论、税法、党派政治以及心理学都有一定的修养。许多经济学家已经指出，CPI 跟踪一篮子相对固定的消费商品的价格，大大高估了通货膨胀，使政府在后十年中花费数千亿美元，去应付不断增加的项目支出和减少税收。令人惊讶的是，这些争论所涉及的数学或者甚至是经济学，都没有像心理学那么多。许多人相信，过高的估计结果来自这样的一些事实：CPI 忽略了商品质量的提高（例如，电视机和汽车）、新商品的引进（如我正在用于写作的笔记本电脑），以及用不在篮子中的商品代替在篮子中的商品（如当牛肉价格上升时，用鸡肉代替牛肉）。所谓 CPI 被高估是一个数学在其中扮演重要角色的故事，但是数学只是一个角色，税法的颁布、社会的实践和个人的心理等才是问题的根本。

对于出生顺序效应，可以作出一个类似的观点。这是弗朗克·萨洛韦（Frank Sulloway）的一本书的论题，其中他提出，尽管兄弟姊妹都共享 50% 的 DNA，他们互相间存在着由出生顺序引起的系统差异。萨洛韦把这种差异归因于家庭动力学：第一个出生的在家里建立了一

15 个小窝，为了保护这个小窝他们会更加留意父母的期望，因此趋于保守和安于现状。而后出生的必须找到更别出心裁的方法，来与他们的兄姐争夺父母的宠爱，因此趋于更有创新性。论题和书都很庞大，其中统计在萨洛韦的论述中起着关键的作用，但是就像消费价格指数的情形一样，周围环境的故事及其假定对于批评来说都是必要的和开放的（即使在形式数学上无懈可击）。

例如，为什么对孩子们仅仅考虑谁第一个出生？他们也是他们家庭的"宝贝们"。由收养、兄弟姊妹的死亡、遗弃等等引起的功能上的出生顺序，是否是生理上的出生顺序的合理替代？无论是一个科学家还是一个政治人物（正是萨洛韦所研究的），人们怎样来决定他应该被

划成保守型还是自由型？把研究限定在仅仅对那些足够有名到被人写过的历史人物来进行，那么什么样的影响将是这种研究的后果？

我不想纠缠于这样的复杂论述，我只想强调，否认故事和统计之间的相互依赖性以及这种否认所引起的教学法是统计学、数学和科学一般被广泛轻视的一个理由。这些学科的工作者被当作令人惊叹的天才而受尊敬，同时又被当作象牙塔里的一群怪人而被冷落一边（在大多数时间中，他们什么都不是，有时他们只是受尊敬的天才，或受冷落的怪人，既是天才又是怪人的少之又少）。描述世界可以被看作一场简单化者（一般是科学家，特别是统计学家）与复杂化者（一般是人文学家，特别是讲故事者）之间的一场奥林匹克竞赛。这是一场应该双赢的竞赛。

16

一个数学小故事的梗概

故事不仅为统计陈述提供上下文，并且也能够阐明它，使它更加生动 *。

一个好学而心术不正的人，正在对他的孩子们讲莱奥·罗斯滕（Leo Rosten）的关于犹太法师的著名故事。这位犹太法师被他的一位敬仰的学生问道，为什么他对任何主题都能有非常完美的比喻。犹太法师用一个寓言答道，一名沙皇军队的征兵员正骑马通过一个小镇，发现在一个谷仓的壁上有几十个用粉笔画的圆形靶子，每一个靶子的中心都有一个弹孔。这位征兵员感到很惊奇，就向周围的人打听这位优秀的射手是谁。周围的人回答说："噢，那是希珀赛尔，鞋匠的儿子。他是一个小精灵。"直到这位邻居补充说："你看，希珀赛尔先射

---

* 就像哲学的抽象，概率论中的许多观念和问题都有与之关联的标准小故事。这样的故事例如有：赌徒谬误和赌徒破产、巴拿赫（Stefan Banach）火柴盒问题、醉汉的随机游走、赛马厅问题、圣彼得堡悖论、随机弦问题、热手问题、布丰（Georges Louis Leclerc Comte de Buffon）投针问题，以及许多其他故事。——原注

击，然后在每个弹孔周围用粉笔画上圆圈。"热心的征兵员才算弄明白。法师咧着嘴笑道："那就是我的方法，我并不是去找一个寓言适应主题，而只是介绍那些已有寓言的主题。"

他合上书，一脸正经地催孩子们上床，对妻子随口道了声晚安，就回来继续读书。他开始信笔乱涂，打电话，作计算，精心策划。一场有利可图的把戏，在他的脑海里变得越来越清晰。第二天，他作了些调查，顺道去了邮局。在接下来的两个晚上，发了几千封信给已知的参与体育博彩的人，"预测"某场体育比赛的结果。他对这些人中的一半预测主队将赢，而对另一半，他预测主队将输。他的骗术基于一目了然的事实，那就是无论这场体育比赛结局如何，总有一半博彩者说他是对的。

他的妻子对他家吓人的邮费账单和不断的陌生电话大为惊讶，对他不断唠叨他们越来越糟的财政和婚姻状况。接下来的一周，他再次发信，作出另一个预言，但是这一次他只寄给他上次预测对的那一半博彩者，而不再理会另外一半。在这个较小范围内，他又对一半人预测另一场体育比赛会赢，而对另一半则预测会输。于是又会在一半人中他的预测是对的，使得对最初的人群中的四分之一来说，他将一连两次都对。在下一周，他又对这四分之一中的一半预测赢，另一半预测输；同时再次不再理会那些他曾通报过错误预测的那些人。他又一次预测正确，并且是连续三次，不过只是对原来人群中的八分之一而言。他就这样对越来越小的博彩者群体继续不断地发送他的"成功预测"。然后，他满怀希望地对那些余下的人寄出一封信，指出他那激动人心的一连串的成功，并要求一笔丰厚的报酬，以便继续对他们寄送这些看来价值不菲、犹如神助的"预测"。

这样他就收到许多报酬，并且再做进一步的预测。他的预测仍然是对余下的博彩者的一半是对的，而不对的那一半又被扔掉。他对前者继续预测的要价更高，收到钱后，再故伎重演。最后仅留下几个博彩者。其中之一是黑帮头目，开始跟踪并绑架他，要求他预测该黑帮头目下了重注的赌局。绑架者以他的家庭来威胁他，他们不明白他怎么能连续不断地预感这么多次正确的预言，并拒绝相信这是一个骗局。他极力用一些富有哲理的论点，想说服绑架者他不是神。心术不正、诡计多端的骗子和蛮横无理、贪得无厌的绑架者成了鲜明对照：他们说着不同的语言，带着不同的参照框架，但是，看来在对女人和钱的态度上臭味相投。骗子在绑架者的暴力胁迫下又作了一次预测，碰巧又对了。这使绑架者比以前更加确信，无疑他掌握了一棵摇钱树，现在准备在下一轮预测中把他与他的同伙的所有资产都押上。

结局涉及骗子的情妇，本来就是因为她，他才会去想用这个诡计赚钱来应付这额外的需要。在他作出将导致他灭门之灾的不正确的预测之前，她帮助他从绑架者手中逃脱。他们使用一种他们之间独创的密码，使绑架者中断了赌博，并且吓得不敢再来骚扰他们。在最后一幕中，他重操旧业，但是这次是针对股市指数，因为他希望有些层次较高的客户。他与他的情妇结了婚，但又有另外一个情妇，并且开始要赚更多更多的钱。他坐在他的书桌旁，又开始在一个信封上乱画靶心和目标。 19

* * *

在这一故事梗概中，分枝可能性的观念对概率学家或统计学家来说，是极为自然的，因为一种称为树状图的方法［可追溯到 17 世纪末的荷兰数学家克利斯蒂安·惠更斯（Christian Huygens）[14]］对决定一串事件的概率很有用。但是，在想象故事中的人物面对的选择，或者考虑被外在因素推动的情节中的转折时，树状图也很有帮助。沿着可能性树的每一条分枝的路径（把树想象为随时间向右生长而不是向上生长可能方便些），都对应着一系列人物选择或情节转折，而分枝的分枝和末梢对应于各种离题和转向。从而，这些向前的分枝、向旁边的偏离，以及偶尔在各种等级的回溯，就可取作一种我们一般的讲故事的模型。

现实的这种分枝暗示着，逐渐流行的用计算机生成虚构小说的想法，其中故事的进展不必一定是线性的。人们不会很想读它们，因为读着读着就搞糊涂了。没有一条常规的故事线索，那将不知道有多少叙述的偏离，其中并不是所有情节都按主人公的意识统一在一起。在读了一段之后，可以接下去读后一段，或回到前一段，或针对（点击）任何有意义的词或句子转入偏题，并进入它的细节。这种离题树枝分叉的好处大概就是迅速结题、自由扩展，使人真切地感到，它提供了一个读者浏览的方法。

20

最理想的是，人们将仅仅读他或她发觉有兴趣的那些情节扩展、旁注以及小插曲。如果想象正文／软件在结尾处有一个测验，答案依赖于读者已经选择的那些部分，那将很有趣。即使在如此庞杂的正文中，也不能展开故事可能孕育的每一个情节。艺术性被用来克服可能性的组合爆炸，以及天衣无缝地捆绑和编织各种材料，去创造自由选择的幻象和无限制的分叉。例如，在关键结合处有几个备选对象。其效果就像豁然开朗的水流，暗示主人公此时此刻独自的思绪万千。

做得漂亮的话（我还从没见过一个差强人意的范例），在这样的一部作品中，几乎所有有灵感的转移、偏离、水平移动所构成的矩阵，会使人物有血有肉，栩栩如生。或大或小、或关键或平凡的细节，将从这样的一个多维的事件表出发，滚滚向前，真实地体现它的环境和时代。数学家经常推测，阿基米德（Archimedes）[15]、高斯、庞加莱（Henri Poincaré）[16] 或以往的其他一些数学大师，可能有像计算机一样的检验、搜索能力。我则惊讶于斯特恩（Laurence Sterne）[17]、乔伊斯（James Joyce）[18]、博尔赫斯等人的作品真是鬼斧神工。在盘根错节、枝节蔓生的情节中，人们有可能错过那些能抓住虚构人物及其环境生动而恰如其分的文字。

当然，这种工作有可能被看作摆弄技巧，被人们不屑一顾。对即将来临的创造，更为可能的障碍是，作者缺乏把握文学的绚丽多彩和心理的微妙变化的能力，以及构造如此复杂的分枝"故事"所必需的结构想象和软件技能。

故事与统计的不同范围

从《伊利亚特》（*Iliad*）和《奥德赛》（*Odyssey*）到艺术电影和电视肥皂剧中的无数故事，以及无数的调查、民意测验和研究，都证明了故事与统计之间存在许多差异。[无数（zillions）是一个即使对数学家来说也很有用的词；它肯定胜过"一个确定的大数"。词 umpteen（无数）和 oodles（许许多多）也很有用。]一个主要的差别在于，讲故事的焦点总是个体，而不是分析、论证和平均值。这样的焦点对夸大其词来说是一种必要的修正，并且使人们关注统计结果。

举一个极端的例子，即使一切都是真的，也会使统计变成某种毫无人性、暧昧不堪的东西。例如，因为美国有一半是男人，一半是女人；美国的平均成年人就有 1 个卵巢和 1 个睾丸。或者，佛罗里达州达德（Dade）县的平均居民生为西班牙人，死为犹太人。色情文学通过无故事情节的两人（或三人）的赤裸裸的性描写，也经常给人有点统计调查的感觉。

但是把焦点针对个人，就能便于欺骗和操纵，以及歪曲公众政策问题的讨论，特别是那些涉及健康和安全的政策。一部关于一种疫苗罕见副作用之受害者的辛辣的电视故事，就能使同样的疫苗所带来的巨大益处变得看不见。这种媒体导向的老套路的例子不计其数。

某些作家试图将个体调查和统计调查不合时宜地合成一体，以享有二者的优点。结果往往是竹篮打水一场空。一个典型的例子，就是去拼凑某个"代表性"人物的习惯——一个虚构的杰勒米（Jeremy）、琳达（Linda）或者凯文（Kevin）［但是从来没有沃尔多（Waldo）或盖尔屈鲁德（Gertrude）］——来认可或举证报刊文章得出的不管是什么样的统计结论。［《华盛顿邮报》（*Washington Post*）的雅内·库克（Janet Cooke）就因为这样做得太过火而使普利策奖（Pulitzer Prize）从手中溜走。］

统计引用和讲故事之间其他许多重要的差别源于以下的事实，它正如众所周知的写作箴言所说，故事是展示什么，而不是告诉什么。故事可以使用对话和其他方式，而不是把自己限制为发表声明；它展开上下文和有关的关系，而不是仅仅堆砌原始数据；它可自由扩充，并且寓有深意，而统计和数学一般是决定性的和就事论事的；还有，故事要随时间来展开，而不是无时间地呈现。

故事预示一个（也可能几个）特别的视角，而不是像统计那样提供一个无当事人、无个人的总体观察。例如，考虑某个人群的女性体重的概率分布。通过一个公式或图形（诸如熟知的标准正态曲线，或如我的学生给它起的形象的名字：肚子型曲线），它就天经地义地给出了我们任何体重段内的女性比例。从这个分布中，我们能了解最重的、最轻的、最普通的、最稀罕的，以及其他很多内容。所有这些信息都集中在一张快照中，但是缺乏任何特殊女性的严格食谱、暴食和禁食、冰激凌、小甜饼之类。

不管是好是坏，个体的故事比统计更为根本，因此更能唤起人们的情感。某些词组，像"背叛他的妻子""微风中飘起的头发""散发着腋臭味"之类，就从未在科学研究中出现过。在那里，我们得到的是诸如"72.6% 的人认为""之间的相关""误差边缘"之类的词组。甚至在一些如棒球比赛那样的浸透统计的领域中，也是巴贝·鲁思（George Herman "Babe" Ruth）[19] 的传奇故事，使他以前创造的一个赛季 60 个本垒打和职业生涯中 714 个本垒打的记录，比罗杰·马里斯（Roger Eugeneb Maris）[20] 和亨利·阿龙（Henry Louis "Hank" Aaron）[21]

分别创造的新纪录更加辉煌［甚至对于我这样的前密尔沃基市勇敢队（Milwaukee Braves）的球迷来说，也是如此］。

还有一些统计和故事的混合体，在某种程度上把二者衔接起来。在这一模糊的中间地带中，我们发现《罗生门》[22]（*Rashomon*）那样的、对一些相同的事情用许多迥然不同的视角来描绘的故事。这里也有那些一群相关的人中，每个成员交替叙述成一体的故事（就像许多电视连续剧那样），还有圣路易斯·雷（San Luis Rey）[23]的故事，把许多不相关的人松散地结合在一起。然而，被考虑的人或视角越多，这种故事就越平淡、就必定越没有特色，并且，时间的向前推进逐渐放慢，而变成绝大多数统计扫描和调查纵横交错在一起的横截面时间点（虽然有些统计的分支——随机过程和时间序列——也关注变量随时间的演化）。

用计算机来类比是有帮助的。如果我们认为，常见的故事出自一个视角（就像一个串行处理器在一个时间执行一次运算），那么统计就可被特别地认为出自无定踪处所提供的一种视角（许多并行的处理器进行并行运算）。在它们之间是一些混合物，它们可被想象为用各种各样的方式，把个数不同的视角（处理器）相联结。把这两种领会周围世界的非常不同的方法——通过讲故事和统计学的优点相结合，可看作是计算机设计和体系结构中的问题在文学上的翻版。

特征太多，人物不足

然而，在特征化的深度与特征的数量之间怎样斟酌，并非总是很清楚。在故事中，就如在日常生活中那样，我们亲自接触的人相对很少，但是他们都是实实在在的三维的人（实际上，在数学的意义下，他们都是某个很大的 N 的 N 维人）。他们拥有或关联着不知有多少种可能的特性、环境、关系、不成文的规则和协议。我们当然不知道我们身边的每一件事情（即使与我们自身有关），但是，我们都不知不觉地了解许多琐事和丰富多彩的内容，把它们写下来能使我们都成为蹩脚的小说家。甚至对那些我们并不十分了解的事情，我们也能添上一堆形容词、一堆副词，以及若干趣闻轶事。与丰富的个性特征相比较，在大多数科学研究中，虽然可能有大量的人（或其他数据），但是被调查的人都是平面的，只有一维或二维——他们将投票给谁，他们是否抽烟，以及他们喜欢什么品牌的软饮料或娱乐方式等等。

故事和统计为我们提供两种互补的选择——了解少数人更多一点，还是对更多的人有点了解。第一种选择导致共同的观察就是：小说使人类状况的伟大真实光辉灿烂。小说是多姿多态的，其中充满冷嘲热讽、精细描写和警句隐喻，而相比之下，社会科学和人口统计似乎既傻乎乎、又冷冰冰。然而，我们很容易欺骗我们自己，以为回忆录、个人怀旧、小说或短篇故事，向我们揭示的一般本性要比真实的情形更多。当然，有失偏颇和样本太小是主要问题，但是我的告诫起因于某些更为专门的东西：一个技术上的、不太好听的统计概念——调整多重相关系数。

如果所考察的特性的数量比被调查的人数还大，那么在这些特性之间，又会出现比实际上得到的更多的关系。设想这样一项研究，其中只考察两个人和两种特性，比如聪明程度和害羞程度。再想象一个图形，其中聪明程度标在一个轴上，害羞程度标在另一个轴上，而与两个人相对应的有两个点。如果两者中较害羞的较聪明，那么在两种特性之间，就存在一种完全的相关性，在图上就可以用一条直线连接这两点。因而，越害羞，就越聪明。但是如果二者中较害羞的较不聪明，那么两种特性之间仍然有一种完全的相关性，可以用一条直线反向连接两点。因而，越害羞，就越不聪明。

由此你能发现，对任何三个人和三种特征来说，以及一般对任何 N 个人和 N 种特征来说，完全相关毫无意义。特征的个数不需要等于人的个数。每当特征的个数与人的个数相比占相当的比重时，这些特征中的一种所谓多重相关性，就暗示着虚假的关联。

为了告诉我们任何有用的东西，多重相关分析必须基于相对较大的人数和远为较小的特性数。然而，通常来自故事和日常生活的见解恰恰相反。我们每个人所知根知底的人相对很少，而我们了解的这些人的特征、关系、关系的特征、特征的关系等等的数量，不知道有多大。这样，我们就倾向于高估我们对其他人的全面了解，并且所确信的所有类型的（比"越害羞，越不聪明"之类更复杂的）关联，干脆全是靠不住的。由于不会向下调整我们的多重相关系数，可以说，我们们可使自己确信，我们知道的材料的所有方式，实际上可能并非如此。

正如故事有时是对统计过度抽象的一种纠正，统计有时是对故事中引起误导的丰富多彩的纠正。

陈规，心血来潮和统计保守主义

在日常生活中，概率计算和解释的替代物，是无定型的"学科"：常识或琢磨。不像对固定的命题提出严格的证明、细心的演算，常识通过对场景和情节的思考，与人们情感的交流与辨认，对交谈与重点观察的响应，最后导致试探性的、有时是浮躁的判断。由此得出的知识是定性的、不精确的，并且与前后左右有关。常识也经常用概率的语言来表达，但是给可能的结果加上特别的数字、精确的概率，却常常（概率是81.93%）是愚蠢的做法。可是毫无保证的精确度幽灵，却很难阻止有些人想对他们的预感披上一层科学的外衣。

为对付我们生活中的问题，我们发现，与其采用准确的概率，不如单凭经验，粗略地分类更为自然；换句话说，不如就用我们的一些

27

陈规。尽管许多人认定，陈规总是带点愚昧无知的歪门邪道，但是，它们往往是有效交流的本质所在，并且也使它们自身不公平地被当作陈规（假设一种概念也能被不公平地对待）。许多陈规使表达更简洁，这是快速交流和有效作用所必需的。座位是一个陈规词，但是从未听说板凳、躺椅、豆袋垫、艺术装饰块、高背餐厅椅、古董安乐椅、法式轻便马车或这一概念的厨房用品，因此而抱怨。当然，陈规承认，在进一步考察个体情形时，会有各种显而易见的例外，但是这并不意味着它们应该或者甚至要全部被禁止。复杂、微妙和精确，要花费时间和金钱，而这些开销通常不必要，有时甚至反而使人糊涂。

28

　　确认普通陈规和了解陈规情景，诸如用餐、购物、卫生习惯、接见礼仪等等，都是每天过日子所必需的。人工智能的方法，特别是计算机科学家罗杰·尚克（Roger Schank）等人提出的方法，就是通过调用常用的类型、情景和方案作为速记脚本，来制定我们的课程，以及与其他人进行交流。与统计概念类似，陈规歪曲了特殊情形和个体，而是通过总结一般信息，这样做是合算的，因为要注意到许多例外就会太费事。

　　当然，我并不怀疑，墨守成规的人可能会变得不动脑筋、死气沉沉、充满偏见，我当然非常反对那样做[*]，可是当我们遇见，或者甚至看了一眼某人，就会有一种冲动去构造（不错，我想构造）那个人的即时传记，并在这个进程中，对他作各种类型的直接评价。我还发现，很难不对例如使用词组"你我之间"的某人，作出一个深远的（经常是错的）判断。

29

　　但是前面的思索，总体看来对解决陈规的问题来说似乎太草率。

---

[*]　在几百个实验中，有一个简单的实验，可用来说明两个集合中的物体——也可能是分成两组的人——之间的差异是如何简单地通过对它们作标记而被夸大：有四条标有 A 的线和四条标有 B 的稍长的线。人们认为这两条线组之间的长度差异，要比没有标记的更大。当把两组线的平均长度调整为一样时，对差异的判断仍然是类似的。——原注

不妨来讲述一下有关我个人的一次似乎是有先见之明的案例。我记得，在若干年以前，当我在缅因州的一座山顶上读到"园航炸弹手[24]"宣言时，从它的语调、内容和结构，就猜想它的作者是一位数学家。后来，在他被捕时，我就这个结果为《纽约时报》（*New York Times*）写了一篇专栏稿。这在一些数学家中引起极大的愤怒，他们以为这败坏了他们的名声，使得《华尔街日报》（*Wall Street Journal*）也专为这一轩然大波发了一篇长文。在那篇文章中，我认为数学博士 * 西奥多·卡钦斯基（Theodore Kaczynski）也许不像看上去那样不可思议［尽管事实上数学家是最具幽默的一种人，而并非是孤芳自赏者，我们中的绝大多数人，只会在考虑数被零除时，才使用"爆破（blow up）"这个词］。

　　即使在如此少见的情形下，也难以避免草率的判断和陈规化；或许人们以为，尝试一下越轨都是不明智的。尽管如此，如果我们想保持试探性的判断，并且使它追索到整个可能的范围，那是无碍大局的。不幸的是，我经常碰到一些人，他们并不这样努力。他们随心所欲地宣称某人是种族主义者，或是窥隐成癖者，或是暴富，或是同性恋，或是其他什么。通常，这些判断是基于一些有难言之隐而又必须辨认的特性。除非他或她很有名，否则被认为具有此特性的人，不大会被采访或（合法）调查，以确认他或她是否真是如此；通过其他的手段，某些预感偶尔被发现不错，于是就以为所有预感都是正确的。

---

* "园航炸弹手"宣言在我看来本质上是公理化的，它基于少数基本假设，其他所有别的部分，都可由此从逻辑上导出。数学家经常把自己看作是根本思想家（按 radical 的字面意思，而不是通常的"激进"之意），他们力求抓住事物的根本。而这一宣言也显示出数学家对细节的小心翼翼，它使人觉得，它是基于少数关于建立美好生活的预想假设，例如，个人控制、自力更生、极小的环境冲突等的一个扩展证明。从这些元素看来，他似乎要尝试导出另一套根本的社会理论；如果你愿意的话，也可以把它称为针对我们的社会心理问题的非欧几里得方法。

　　抽象思维是数学另一个明显的特征。尽管它经常是公共争论中极为缺乏的稀有商品，它却已经与各种游离的病理有关联；这里就容易看出，一个受过这样的推理训练、并埋头于一种思想的人，是如何能把邪恶的杀人行动证明为一种朦胧的"好事"。

　　数学也是美丽的，但是它的尽善尽美和一丝不苟，也能使人对真实世界的杂乱无章和飘浮不定视而不见。运用数学原理来设计一种壮观的社会经济的理论，必定是一种简单化的理论；这样做的时候，人们可能会忘记数学或经济模型不是真实的世界。现实，就像弗吉尼亚·沃尔夫（Virginia Woolf）[25] 的随笔"布内特先生和布朗太太（*Mr. Bennett and Mrs. Brown*）"中完美平常的女人，她无限复杂，不可能按任何模特来完全把握。——原注

＊　＊　＊

尽管陈规可以是统计与故事之间的一座桥梁，就像有些桥那样，它们有时是破旧的、摇摇晃晃的、不太可靠的。统计结论不同于陈规，必须经过严格的检验。这点通常会被当作统计上的吹毛求疵而不予考虑。毕竟，"谁都知道"的无论什么东西就是被认定的东西。我对这个偏差有我自己的一个版本：经常宣称知道谁都知道的事情的人是笨蛋。而这点也是谁都知道的。

统计决策是一个单调的、保守的过程，不像刻画个人价值的判断那样充满生气。所谓统计中的零假设，是假定某个现象、关系或假设对观察值不显著，而只是碰巧的结果。拒绝零假设通常要求这种现象碰巧发生的概率不到5%。（这是关于一个统计学家的故事的来源，他目睹了二十五头奶牛被宰杀，但注意到有一头幸免于难，就漫不经心地认为宰杀现象是不显著的。）在我周游世界时，我已经观察到，很少有人在他们个人生活中这样正规地作决策；就算这样精确是可能的，它也太叫人讨厌。（在已经对陈规提供一部分辩护后，我应该提及，统计学家的相当普遍的陈规是，他们之所以选择他们的职业，是因为他们都经受不住数据计算的刺激。）

这种令人生厌的念头，也暗示着故事与统计之间的另一个差异。在听故事时，我们总是倾向于暂停不信任以便欣赏，而在统计评估时，我们倾向暂停信任以便不受骗。在统计中，当我们拒绝真相时，我们被说成是犯第一类错误；而当我们接受假象时，我们是犯第二类错误。当然，不可能总避免这两种类型的错误，并且我们对不同的努力有不同的错误阈值。尽管如此，人们感到更容易犯的错误类型，会对他们的智力个性类型给出某些指示。爱享受、易上当并且讨厌犯第一类错误的人，可能喜欢故事胜过喜欢统计。不爱享受、不易上当并且讨厌犯第二类错误的人，则可能喜欢统计胜过喜欢故事。不管怎样，这种推测是一个有统计支持的小故事，信不信由你。

尽管错过很多次，我们对自己内部的决策要比对公共的更有信心。我们（并非只有右翼共和党）都不信任那些远离我们而作出的决定。在作公众决策时，我们坚持严格的统计规则，但大多数情况下，会接受那些从我们最切身的利益出发最偏向我们的推理。在一个较小的人群中，由于相互信任，不大感觉到需要统计。就像西奥多·波特（Theodore Porter）在他的《相信数字》（*Trust in Numbers*）一书中已经指出，数量方法和控制经常起因于专家社团的政治软弱性，以及一些更大的社团怀疑他们的发现。那些预料中的不信任，就使人最有可能去通过真实的统计，或者至少套上虚假而华丽的统计外衣，来加强他们的结论。

统计的全然非主观性，能吸引那些不喜欢凌乱、隐私以及有关特殊故事、状况和人物的戏剧情节的人。看来，故事更吸引守旧的女人，而统计则更吸引守旧的男人（按照惯例，我没有作出对于现实的男人和女人这是否为真的统计）。统计实践的保守性和非主观性是它的可信赖性的一个来源，而个人故事的浮想联翩和千姿百态，也正是它们的魅力所在。

＊　＊　＊

由于概率与统计是我们理论之前直觉的形式化，它们通常合理地与我们的内心感觉保持一致。但是，这些学科已经发展得自成一体，独立于我们的态度和信念，并且在许多情况下，统计还对我们说，我们的内心感觉已经误入歧途。人们在一个小群体里能够做出最佳反应，他们能运用自己的民间智慧了解其他人的意愿和目的，而他们的心理状态也使他们能洞察其他人的陈规举止和行为。也是在这样的范围内，我们的叙事直觉最为可靠，最能感受"一叶落而知天下秋"的感觉。告诉一些细节就经常足以勾画整个世界。我以一个来自莱昂纳德·迈克尔斯（Leonard Michaels）的微型故事集《只要我能做到，我会解救他们》（*I Would Have Saved Them If I Could*）中的例子，来结束本章。《手》（*The Hand*）是一篇只有 59 个英语词[26]的、不可压缩的心理佳作，它几乎是数学般地浑然一体：

> 我打了我的小男孩。我怒气冲天，像法庭审判。然后我发现手上毫无感觉。我说："听着，我要对你细说由来。"我以父亲特有的严肃和慈爱说着话。等我说完，他问，是否要他不怪我。我说是。他说不，像凯旋。

34

译者注：

1. 卡尔维诺（1923—1985），意大利作家。
2. 斯诺（1905—1980），英国小说家、物理学家和公职人员。他在 1959 年发表以《两种文化与科学革命》为题的剑桥讲演，引起激烈争论。
3. 帕斯卡（1623—1662），法国数学家、物理学家、哲学家和作家。
4. 费马（1601—1665），法国数学家。
5. 拉普拉斯（1749—1827），法国天文学家、物理学家和数学家。
6. 高斯（1777—1855），德国数学家、天文学家和物理学家。
7. 凯特勒（1796—1874），比利时天文学家、数学家、统计学家和人口学家。
8. 杜克海姆（1858—1917），又译"涂尔干"，法国社会学家。
9. 戈尔（1948—　），美国前副总统（1993—2001）。
10. 贝叶斯（1701—1761），英国数学家。
11. 莫里哀（1622—1673），本名约翰·巴狄斯特·波克兰（Jean Baptiste Poquelin），法国剧作家。
12. 凯勒（1942—　），美国著名电台主持人和作家。1974—1989 年期间他在广播中不断讲述一个假想的沃勃贡（Wobegon）湖镇的幽默故事。
13. 伏尔泰（1694—1778），原名弗朗索瓦·马利·阿鲁埃（Francois Marie Arouet），法国作家和思想家。
14. 惠更斯（1629—1695），荷兰天文学家，物理学家和数学家。
15. 阿基米德（前 287—前 212），古希腊数学家、物理学家。

16. 庞加莱（1854—1912），法国数学家、物理学家。

17. 斯特恩（1713—1768），英国作家。

18. 乔伊斯（1882—1941），爱尔兰作家。

19. 鲁思（1895—1948），美国在 20 世纪二三十年代最享有盛名的棒球运动员。

20. 马里斯（1934—1985），美国著名棒球运动员。

21. 阿龙（1934—2021），美国著名棒球运动员。

22. 日本电影大师黑泽明（1910—1998）在 1950 年拍摄的一部电影，其中用四个不同的视角来叙述同一个犯罪事件。

23. 圣路易斯·雷是位于美国加利福尼亚州南部、太平洋海岸附近的一处地名。

24. "园航炸弹手"是 Unabomber 的意译。这个名称是美国联邦调查局作为代号提出的。1978 年起，美国的许多大学和航空公司先后曾发生过 16 起邮件炸弹爆炸事件，使得 3 人死亡，29 人受伤。Una 就是 universities and airlines（大学和航空）的缩写。bomber 则是"炸弹手"之意。"园航炸弹手"还公开发表宣言，声称对美国社会极为不满。这些事件长期以来未能破案，最后因"炸弹手"的母亲告发，才于 1996 年破案。此人是哈佛大学毕业的数学博士卡钦斯基。本书在下面还要提到他。

25. 弗吉尼亚·沃尔夫（1882—1941），英国女小说家。

26. 译文有 78 个汉字。

第二章

主观视角与非主观概率之间

> 他已经为鉴别讽刺、巧合，或不管是什么搞得筋疲力尽。已经有过太多的讽刺和巧合。精明的人会有朝一日去创立一种基于巧合的宗教，如果他还没有这样做，那就做它一百万次。

> ——唐·德利罗
>
> （Don DeLillo）[1]

如果对于唯物主义（在"物质和运动是所有一切的基础"的意义下，不是在"我要更多的汽车和房子"的意义下）也有一个基因位置，那么我猜想我有这个基因。我记得在我十岁左右时，我与我的一个弟弟打架；突然心领神会，我们两个都是性质上没有什么区别的东西，粗糙的地毯恰好擦破我的胳膊肘，坚硬的椅子恰好猛击他的肩膀头。意识到世上万物最终都是由同样的材料所构成，我和非我的物质构成之间没有本质区别，在当时，我大彻大悟。

带着孩子们共有的唯我论，我从那时起就认为，肯定从来没有一个人有过这样的洞察力。一两年后，我在一张纸上写下这样的警句：

"万物都由原子做成。原子不能思想。因此，人们也不能真正思想。"我把这张纸紧紧地折叠起来，用带子把它扎好，放进一个空的金属爽身粉罐头里，罐头盖子用橡皮筋封住，把它埋在后院的秋千架下，等待未来的（不能思想的）后代来发现它。

　　这一稚气的原子论很快就演变为成年人的无神论，对毫无证据的想当然的故事不能容忍。上帝起因于什么？在上帝之前是什么？上帝创造的是什么？在我的眼里，上帝的存在是一个不必要的先行的神话。为什么要引进他？为什么要用一个完全不能解释的、使人极端困惑的假设，来解释已经使人足够困惑的美好世界？如果已经有人编造了这样一个不必要的神话，为什么不再引入更为先行的诸如"造物主的造物主"，或者"造物主的叔叔"之类的神话？运气的概念也使我神往［是否我也应该把运气（chance）大写（Chance）？］；我还记得，当我父母的一个朋友在评价生活中烦琐小事的作用时，吐出一句"一切全在这些纸牌中"；这句陈词滥调对我有很大影响。我总是在想，此人真缺乏才智，而那句话则使我震动，并且我从此就把它当作我最为深刻的思想。

　　随着我越来越老，我的这种科学的、非叙述性的注意力从上天世界延伸到世俗的事物。我记得我曾想象在爆玉米花时听到的噼啪声的频率遵循一种听觉正态分布——先是几声噼噼，再是一声渐强的啪，然后是一声渐弱的啪，再接着几声噗噗。在上初中时，我记得曾读到超过五分之一的高中女生已不再是处女，然后我就试图确定我所认识的高中女生群中非处女的概率。我开始提出街头告示的字面解释（"违者将被拖走"应该是"违者的车将被拖走"；"请勿乱丢杂物"告诉我们是把掉在地上的不管什么东西留在那里作为杂物，否则它就失去作为杂物的状态——丢在垃圾筒里的不再是杂物，而变成垃圾），而我的这些用心都被当作奇谈怪论。

　　阿基米德声称，给他一个支点，一根足够长的杠杆和一个立足点，

36

他能移动地球。这一注记暗示了数学的理论本性和对超越人类经验的渴望。爆玉米花、非处女和街头告示，就是在我的卑微的、稚气十足的情形下的杠杆、支点和地球，但是，我从未对阿基米德的支点进行尖锐的评价。

　　然而，那是我。毫无疑问，你就不一样了。就像故事中的人物那样，我们每个人都或多或少地有一些观点。甚至当论题的世俗性多于学术性时，在各种主观概率和客观概率之间也经常有很大的缺口；这里主观概率是我们对一个不确定事件配上一个数，而客观概率是对这些事件的更为客观的指派。当事件与我们个人息息相关时更是如此。正如观察所注意到的，人们趋向于夸大新的、激动人心的、戏剧性的，或者具体事件的可能性，而低估旧的、使人无动于衷的、望而生厌的，或者抽象事件的概率。

　　我们的少数派状态（作为个体，我们是最小可能的少数派的单独成员）和与众不同的观点，也影响我们个人的一致性看法。从处于我们自己的故事的中心和其他人的周围的几何和经验事实出发，我们中的许多人都异口同声地——这有点令人奇怪——认为，我们充满引人注目的事件和巧合的生活长河，与其他人的生活长河都是相当典型的。但是我们每个人都还是独一无二的——就像每个个别的人也是那样。

少数派观点、个体和统计学

　　比特殊的个人联系网络更为一般的引人关注的是少数派状态——许多个人特性中一种至关重要的因素——使我们对许多社会观点带上某种色彩。少数派的观点，甚至个人的观点，都可能以一种奇特的基本方式被概率和统计所影响。

　　一个思想试验说明了这点（术语思想试验表示一种现象的理想化研究，它企图抓住它的本质，而不陷于琐事之中）。美国生活中的超负荷

区域是种族关系，它一定需要简单化而又能成立的思想试验。于是让我 38
们针对事实来进行试验，并假定与事实相反，白人和黑人保持同等重要
的地位和影响力。又进一步假定每一群体中有 10% 是种族主义者，以
及国家在居住上和职业上两者是合为一体的。给定这样的不太现实的假
定后，不难指出，因为黑人占人口的 13%，白人占其余的 87%（为了简
化，假定白人就是非黑人），黑人将还是要不成比例地忍受种族主义。

　　一个白人在任何一次与别人偶然相遇时碰到一个黑人种族主义者
的机会是 1.3%（13% 的 10%），而一个黑人在任何一次与别人偶然相
遇时碰到一个白人种族主义者的机会是 8.7%（87% 的 10%）。这种差
异随着人们接触次数的增加就变得更为明显。

　　如果一个白人碰到 5 个人，他或她至少与 1 个种族主义者相遇的
机会是 6.3%，从而他或她将碰到种族主义的平均数为 0.07。相反，如
果一个黑人碰到 5 个人，他或她至少与 1 个种族主义者相遇的机会是
36.6%，从而他或她将碰到种族主义的平均数为 0.44。如果一个白人碰
到 25 个人，他或她至少与 1 个种族主义者相遇的机会将上升到 27.9%，
从而他或她将碰到种族主义者的平均数上升到 0.33。如果一个黑人碰
到 25 个人，他或她至少与 1 个种族主义者相遇的机会上升到 89.7%，
从而他或她将碰到种族主义者的平均数上升到 2.18。 39

　　结论是，少数派状态要通过自己来达到或维持平等机会是很困难
的。事实上，如果上述理想化的条件成立，而我们只有 2% 的白人和
10% 的黑人是种族主义者，黑人碰到种族主义的机会还是比白人要多。

＊　＊　＊

　　大多数简单的模型可以通过引入更复杂的假定而变得更为现实。
这里我想对刚才考虑过的例子加上一些假定。首先把种族主义换为偏
见或一般的歧视。其次是不假定个体是有偏见还是没偏见，而是假定
他们有用百分比来简单地度量的不同的偏见程度。于是在这个例子中

的数会被抹掉一点，但是同样的教训仍会呈现：少数派的成员会比多数派的成员遭受更多的偏见。下面再假定少数派成员只有几个成员，例如就是一个家庭。其效应当然更会激化。这一家庭一般将会遭受到的偏见或歧视，多得与他们对外界所显示的无法比较（这里强调"一般"是因为，该家庭的状况可能会相当糟糕）。

我们再把这一场景进一步换为只有一个人的家庭。同样，这个人一般将会遭受到的偏见或歧视，多得与他对外界所显示的无法比较（这里再强调"一般"是因为此人糟糕不堪时例外）。于是我们不仅面对偏见或歧视；我们所有人全作为小生命开始生活，并且深切地知道它会意味着无权无势。无权无势的例子比遭受偏见的例子更为普通。

这些初步的考虑对于为什么我们中的许多人总感到自己是脆弱的和当了牺牲品带来某些启示。我们中的大多数，至少是自认为如此，试图友善待人，但是我们总发现"他们"对我们处之轻率，粗暴对待。对此情况的解释的一部分，可以用算术和概率来导出，但是这一见解不应该与下列情况相分离：一名横冲直撞的汽车司机走出车门，对你这位"他的"停车位的同时发现者出口不逊。

请注意，在今后的分析中只有一个传统的叙事因素起作用：简单的当事人观点的概念。大多数日常事务的丰富多彩、复杂多变，都可通过基本的算术给出不那么显而易见的见解。类似的观察对于假想的事务也成立。从故事中的某一人物的视角，或者通过故事讲述者的眼睛来看一些事件，并不导致概率推理。几乎任何表面上看来无法置信的事件，都可由读者通过合成某些未经详述的事实或假定来得到解释。

墨菲定律和受骗感觉

事件的个人化和轻度偏执狂之间的联系的另一个例子是墨菲定律。由工程师爱德华·墨菲（Edward Murphy）首先陈述的定律是这样的：

一般而言，可能犯错误者将犯错误。与这一刻画的表面上的调侃相反，这句话所描述的现象有其深刻的原因。在许多情况下，工作上的失误不是由个人的坏运气所引起的结果，而是许多系统的复杂性和相互关联性的后果。

　　一个与直观相反的墨菲定律的例子来自概率论，最近由科学作家罗伯特·马修斯（Robert Matthews）精心制作。想象你有 10 双袜子，并且不管你怎么保管，还是丢了 6 只（袜子丢失问题的解及其有关事宜是另一道圣餐）？问题在于，什么事情最会发生？是最幸运的情况你还剩 7 双完整的袜子（即丢掉的 6 只袜子刚好来自 3 双袜子），还是最不幸的情况你只有 4 双完整的袜子（即 6 只丢失的袜子来自 6 双不同的袜子）？使人惊奇的是最终得到最坏可能的结果（4 双袜子加 6 个单只袜子）比得到最好可能的结果（7 双袜子，没有单只袜子）的可能性要大 100 倍。更精确地说，7 双袜子的概率是 0.003，6 双袜子的概率是 0.130，5 双袜子的概率是 0.520，只有 4 双袜子的概率是 0.347。

　　我忽略细节的解答来自统计独立的概念，它具有基本意义，因而值得细述。两个事件称为是相互独立的，是指一个事件的发生不会使另一个事件的发生增加或减少可能。如果你掷硬币两次，两次所掷的结果是相互独立的。如果你在电话本中任找两个人，一个人的出生月份与另一个人的出生月份是相互独立的。计算两个独立事件发生的概率很容易：只需简单地把两者发生的概率相乘。这样，掷硬币得到两次正面的概率就是 1/4：1/2 × 1/2。从电话本中找两个人，他们的生日都在六月的概率是 1/144：1/12 × 1/12。概率的这种乘法原理可以推广到事件的序列中（就如上面提到的关于种族主义的段落中所做的那样*）。掷骰子 4 次得

---

*　一个白人在任何一次与人相遇时不碰到种族主义者的概率等于 0.987，或（1−0.013），因为 0.013 是他或她在任何一次与人相遇时碰到一个种族主义者的概率。因此，在 5 次与不同人独立相遇时不碰到种族主义者的概率是（0.987）⁵。由于（0.987）⁵ 近似等于 0.937，白人在 5 次与人相遇时碰到一个种族主义者的概率就近似等于（1−0.937），或 0.063。另一种情形的计算类似。——原注

到 3 点的概率为（$1/6$）^{4}；扔硬币 6 次得到正面的概率是（$1/2$）^{6}；俄罗斯轮盘赌开三枪还活着的概率是（$5/6$）^{3}。

　　袜子丢失它的配对的倾向无疑是带有报复性的墨菲定律！尽管如此，我们将不希望这样的事发生，并且不必为发现我们的袜子成单而自认晦气。我意识到，大多数人在说起一大堆微不足道的倒霉事时，只是为了作为茶余饭后的谈话资料，就像大多数人说起妖魔鬼怪来，并不真信其有。另外，我们经常会真切地感到不知所措，以致感到老天爷真会与我们作对，其实数学能帮助我们消除这一幻觉。

　　自我夸大性一般是招来幻觉和偏执狂的关键。感觉是下列莫须有的下意识推断的后果：如果世界已离我而去，那么我一定是极为重要的。对于这些人来说，很难理解以下可能出现的事实：几乎没有一个人能找出一双适合他们的袜子。

　　在一个内部关系越来越错综复杂的世界中，有时取出相对很小的一部分就能破坏一个系统。一双袜子丢了一只就被破坏。一个由许多部分或多或少连接成一串的整体（一部分失效，就全部失效）甚至更为脆弱，就如我们的肉体那样。当这样的失效（我要强调的是，它们包括疾病、事故和不配对的袜子）发生时，我们要心安理得，真诚地相信这是事出有因。墨菲定律适宜地解释了故事、本性和统计之间的连接关系的一个方面。

＊　＊　＊

　　墨菲定律的另一个例子是等待时间悖论。我们来假定你被放逐到撒哈拉沙漠的某个小角落，并被告知说，每天有两辆客车能把你带回文明世界。如果你在某个随机时间到达车站，而客车每隔 12 小时到站一次，那么，把你定期地放逐在那里的平均等待时间估计为 6 小时是合理的（有时是不足 1 小时，如果你很走运；有时会超过 11 小时，如果你不走运；有时是 4 小时，有时是 8 小时，等等）。

但是如果客车到达时间有变化，那么你的等待时间将会变长。例如，两辆客车之一总是在午夜到达，另一辆在半夜 2 点到达，而你仍然在某个随机时间到车站露面。如果你在午夜到半夜 2 点之间的两小时间隔中露面，即你是在你的时间的十二分之一中出现，那么你的平均等待时间是 1 小时。如果你是在半夜 2 点到午夜的 22 小时的间隔中露面，即你是在你的时间的十二分之十一中出现，那么你的平均等待时间将是 11 小时。把这两者放在一起考虑，就得到总平均等待时间为

$$\frac{1}{12} \times 1 + \frac{11}{12} \times 11 \text{ 或 } 10\frac{1}{6} \text{小时。}$$

这一推导不如其底线那样重要，这里的底线是指：客车到达时间的任何变化都会使得你的等待时间变长，即使每天客车的平均车次仍保持不变。客车并未亏待你，使你等得更久，仅仅是因为客车到达时间上的任何变化。

等待时间变长一般会在从超市到诊所的各种情况下都发生。即使顾客或病人在每小时的平均到达次数和每人花费的平均时间，都不引起瓶颈现象，对不发生瓶颈现象的期望，通常还是会寄托在人们均匀地到达和每人都花费同样的时间。当事情并非如此时，变化是你被耽误的理由，而不是老天爷要惩罚你。

当然，我们不应把长长的等待时间总看成是某种坏事；例如，我们是在等待一个讨厌的晚宴宾客的到来，那么长长的等待时间就可能被认为是件好事。我们总感到有一个精灵在与我们作对。如此这般的感觉大概就会带来生存的价值。这可能是墨菲定律的真实基础，而它经常被错误地当作一种倒霉的共同感觉。

心理学、预感和偏执狂

心理上的脆弱也有助于解释，我们为何感到越来越倒霉。例如，

为了让别人感到被喜爱和尊重，他们需从我们这里得到公开认可的程度，与我们私下不赞成别人并继续喜爱和尊敬别人的程度之间，有显著的差异。正面评价和负面评价并非用同样的尺度。

人们的敏感和脆弱使得坦然表示异议很困难。闲聊使我们能表达某些异议，但是这里再次会遇到我们经常对那些说我们闲话的人的抱怨，与我们说别人闲话时我们所显示的自以为公平无私的感觉之间的深渊。私下里向别人表达少量的嘲笑和贬低，与我们喜爱和尊敬别人是完全相容的。不幸的是，很少有人能容忍别人（非家庭成员）的嘲笑和贬低，并且还相信他们的喜爱和尊敬。

许多政治结局来自上当受骗的感觉，以及与此紧密相关的入了另册的感觉。一个有趣的练习是：注意一下哪个国会议员最乐意向媒体把自己描述为：当一个法案以一票之差获得通过时，他或她有决定性的一票。在数学上，每个投多数票的人当然都可以说他投了关键的一票。然而，在心理学上，由一名国会议员投票所引起的惊奇（例如，正在反对他或她的党）似乎是一个被描述为决定性表决的一个因素。从新近的国会决策看来，在公众面前摇摆的国会议员的范围似乎是另一个因素。

从地方媒体的观点来看，如此接近的表决的好处在于，各路记者主笔、专家学者都可以纷纷宣称，没有他们的议员，法案无法通过。如果该议员没有主席的个别谈话，没有突然领悟，或者没有收到一股黑钱，那么他或她就会以另一种方式投票。一票之差使得地方媒体通常都一定会为自己炒作：把社会结局变为个人结局。

更为一般的是，心理学为弥补统计和故事之间的缺口，提供了许多大梁。墨菲定律恰好是人们一系列的心理障碍之一，它经常模糊了我们对运气现象的感知，从而有时也会模糊了我们的自我感知。一个被接连不断的灾难吓坏和对雾中或酒后驾车的危险麻木的人，不同于（并非根本不同，而是不那么相似）那些对我们面临的所有相关的风险有比较精确估计的人。存在浩瀚的心理学文献论述我们对风险和运气47的剖析。

许多论述中的观点极易受能够唤起的各种记忆的情形所影响，就如对下列问题的回答所提示的：以"r"为第一个字母的词多还是以"r"为第三字母的词多？对字母"k"又是如何？大多数人都不正确地判断，以这些字母在第一位置的比在第三位置的多，阿莫斯·特沃斯基（Amos Tversky）和丹尼尔·卡尼曼（Daniel Kahnemann）已经在他们的经典著作《不确定性的判断》（*Judgement Under Uncertainty*）中将此理论化，实际上前一类词更容易在我们的记忆中浮现。诸如"road（路）""radio（收音机）""Rembrandt（伦勃朗[2]）""ratatouille［大杂烩（法语）］"和"rheumatism（风湿病）"，比诸如"abroad（国外）""daring（大胆）""Vermeer（维米尔[3]）""vermicelli（细面条）"和"thrombosis（血栓症）"更容易挖掘。

一系列所谓可接受误差的细化和推论已经被识别。其中最为突出的是成见效应——人们有根据某个显耀特征（例如，常春藤大学联盟的证书）来判断人与物的倾向，以及锚定效应——人们有先入为主的倾向，即接受或至少不远离在给定的讨论（例如被带到西半球的奴隶数）中，介绍给他们的第一个数或第一件事。这两种倾向描述了一种非常普遍的概念性缺憾。从统计的粗糙限定到故事的可延展的解释，这样的倾向尽管不被大多数人所承认，却起着关键的作用。

许多人的行为总和不大被人们充分理解。群体行为有时会滑向群众歇斯底里，其催化剂有时似乎就是一个个人。甚至在比群体驯服得48多的组织中——例如在一个有组织的委员会中——正如欧文·贾尼斯（Irvin Janis）和其他研究者所指出，成员之间的交互作用经常趋向于形成偏差和对概率的严重错误估计。因为成员们都希望被大家认为是有价值的，他们都沿着他们自以为能投人所好的路线夸夸其谈，而抑制不合众意的观点。一种自我放大很快就把轻微的偏见膨胀到越了界。

比普通成员更极端的就上升为领袖人物；他们通常吸引那些随声附和的成员，而不是那些有独立思考的成员；后者被多数人看作是落后分子——特别是，前面提及的领袖可能影响后者的生涯的时候。

研究也指出，有这样的领袖的人群更像上了贼船，承担着基于无聊的巧合的风险，比单独的个体们更为果断地去做一切，例如，就像天堂之门（Heaven's Gate）教的集体自杀[4]那样。[这样的研究使我想起由伯特兰·罗素（Bertrand Russell）[5]所引证的圣经训诫：不要随大流去作恶。]紧密相关的、更值得称道的是，研究成果指出，公开采取非公众立场的人，远不像那些在私下表示类似思想的人那样，事后被墨守成规者的宣言和行动所动摇。

于是人们该怎样来修正他们对各种事件发生的可能性的估计？回答是贝叶斯定理。让我（不列出方程）来采用这类人为的问题之一来解释这点。这类问题有几十个，它曾使成百上千的学生感到头痛，但也能使七八个学生入迷。有一名妇女在一个镇上目击了一次入室盗窃。该镇上85%的居民［根据喜剧演员乔治·卡林（George Carlin）的说法］是"粉色的[6]"，15%是棕色的。目击者声称窃贼是棕色的，而科学实验指出，在被窃时刻的条件下，她对颜色的辨别力只有80%的准确性。这样，给出了她的证词后，并假定该镇在社会经济上是一体的，那么她说"窃贼是棕色的"的正确概率是多少？大部分人都会说是80%，但答案是仅仅只有41%。

下面的表澄清了这一状况。假定有100个窃贼站成一队，而该妇女就像电视侦破系列剧中的角色，对此一一辨认。如果100个窃贼中有15个是棕色的，而目击在当时只有80%的准确性，那么她将只能认出其中的12（15的80%）个是棕色的，而其余3个被当作粉色的。她也将85个粉色窃贼中的68个（85的80%）认作粉色的，而把其余17个当作棕色的。这样她将把29个窃贼看作棕色的，而事实上只有12个是棕色的。于是目击证词所说的窃贼是棕色的，在窃贼是棕色的条件下的条件概率，按贝叶斯定理，只有 12/29，即 41%！

窃贼实际上是	棕色	粉色	
目击者说是棕色	12	17	29
目击者说粉色	3	68	71
	15	85	

　　贝叶斯定理也有助于理解，我们对稀有事件的概率大大高估的自 50
然而不可靠的倾向。例如，儿童被双亲之一所强奸是相当不寻常的事；
仅仅为了解释的目的，假定真实的事件率为每 1 000 个儿童中有 2 个儿
童。如果这些未被双亲之一所强奸的儿童中刚好有 1% 曾有错误记忆或
被错误记录为被强奸，而实际上被双亲之一强奸的儿童有 50% 曾错误
记忆或错误记录为未被强奸，那么我们中的绝大多数人都会相信，这
将会低估了双亲强奸的实际事故率，或者至少认为这不会被显著高估。
我们错了。为使计算简化，假定我们对 1 000 个人作随机样本调查以确
定有多少人曾被他们的双亲强奸。因为（我们假定的）真实的事故率
为每 1 000 人中有 2 个，而这些被强奸者中的 50% 错误记忆或错误记
录为未被强奸，调查似乎就会有 1 个真实的肯定记录。另外 998 个未
曾被强奸的成年人中的 1%，即 10 个人左右，又错误记忆或错误记录为
曾被强奸。这样，调查将发现事故率为每 1 000 人中有 11 个（1 个真实
记录加上 10 个错误记录），它 5.5 倍于真实的每 1 000 人中有 2 个。

　　还要注意到的是，这类罪行的活龙活现的、广为传播的故事，似
乎也在使人们记录它的百分比在增加，即使只增加 1%。

＊　＊　＊

　　经常导致我们自身和其他人错误评价的错误解释，从统计上来说
稍有不同的是回归到均值的现象。回归到均值就是（依赖于一系列因 51

素并在一个平均值附近聚集的）随机量的极端值倾向于追随一个接近于平均的值。例如，非常聪明的人可以被期望有聪明的后代，但是他们的后代通常并不那么聪明。（由于论点是一样的，回归于平均智力也就是回归于平均，为什么把上述句子中的"聪明"改为"愚蠢"看起来就令人不快？）

可比较的趋向于平均的倾向对于餐厅也成立，当你第一次光临时享受了一顿美食，然后它就临时地成为我妻子喜爱的餐厅之一，但再次光临时就令人失望。在这个例子中，餐厅表面上的恶化和改善之间的不平衡使现象变得模糊：如果第一次用餐吃得拉肚子，那么一般来说不会再去第二次，以获得回归于平均的好处。

不管它是改善或恶化，人们经常会把回归于平均看作当事人的行动，而不是看作任何依赖于许多因素的随机量的行为。好 CD 的续集通常不如原来的那么好。原因可能不是音乐商在开发 CD 的流行性时的贪婪，而只是简单地回归于平均。类似的是，田径运动员大破纪录的年份以后就不是那么令人兴奋，这大概不是因为他偷懒，而是回归于平均的倾向。

52　　我们会更多地从故事和主人公的堕落或求上进去思考，而较少地从统计和回归于平均去思考；但是，有人会把几乎所有现象都归罪于当事人（无论他是魔鬼还是天使，或者两者之间），而不看作有运气的作用。对曲折离奇的故事和意味深长的巧合的自然偏爱，已经固化在我们的内心深处。

基于它们展示在我们面前的情况来选择多种可能版本之一时，我们的个人观点和心理弱点也会起作用。甚至在数学上等价的情形，我们也会被巧妙的措辞所迷惑。在一项研究中，调查对象一般倾向于选择以 20% 的概率接受 300 美元，而不是以 25% 的概率接受 200 美元。这是合理的，因为在第一种情形下的平均增益为 60 美元（300 的 20%），而在第二种情形下的平均增益为 50 美元（200 的 25%）。不那么合理的是，当人们的选择是按下列阶段来进行时，调查对象会作出相反的选择。

　　另一种框架假设分两个阶段：第一阶段时受试者以 75% 的概率被淘汰，从而什么也没得到。如果某人到达第二阶段，他或她可选择肯定接受 200 美元或以 80% 的概率接受 300 美元。这等价于在以 25% 的概率（因为 25% 等于 100% 减去 75%）接受 200 美元与以 20% 的概率（25% 的 80% 是 20%）接受 300 美元之间作出选择。但是在这种情形下，多数人会被表面上的肯定性的观念所影响，而选择似乎更可靠的 200 美元。

　　在另一项研究中，调查对象一般选择肯定得到 800 美元，而不选择以 85% 的概率赢得 1 000 美元、以 15% 的概率什么也得不到的赌博。即使第二种备选品平均收益为 850 美元，还是发生这样的事。当类似的意见用损失来提出时，调查对象一般会作出相反的选择。如果被问道在肯定损失 800 美元和以 85% 的机会损失 1 000 美元、以 15% 的机会什么也不损失，那么大多数人选择后者，尽管后者承担的平均损失是 850 美元。

　　另外有一些情景支持下列命题：人们显著地更希望冒风险去避免损失，而不是冒风险去达到收益，其中许多都涉及生与死。这就使人不会惊奇，讲述历尽千辛万苦亡命天涯的故事和小说，远比阐释潇洒的大款为富上加富而奋斗要有魅力。

　　虽然我们对某些这样的概率困惑可能了解得不透彻，我们不大会缺乏自信。如果叶芝（William Butler Yeats）[7] 是对的，当他写"最好是丧失所有坚信，而最坏是充满强烈激情"时，由鲍里斯·菲谢霍夫（Boris Fischhoff）和其他人关于过分自信的研究指出，我们中的大多数人并不那么令人钦佩。（有意思的是，某些研究已经显示，在美国学数学的学生排行第一的少数几个范畴之一是自信。）我们经常对我们的决策、行动和举止是如此深信不疑，因为我们不大去考虑"否则"，不想想其他观点及其后果，不去纠正我们的记忆和根据，任凭自己的解释模式诱导自己。

这种倾向在不入流的传记、无聊小报和纠缠不清的诉讼中非常常见，现在已经变得如此普遍。它们应树立一个警醒的标志表明，他们所挖掘的关于相关主题的大量垃圾，很少是关于他或她的最重要材料。特别是一个辅助统计的意义未受到人们的赏识：揭露丑闻的价值与花在挖掘丑闻（或者摆脱丑闻）上的时间和资源的比例。因为我写的新闻报道提出，至今已花了 3 000 万美元来揭露所谓的比尔·克林顿（Bill Clinton）或希拉里·克林顿（Hillary Clinton）在白水事件上所做的坏事。我不认为我有一些特殊的声名狼藉的朋友和熟人，但是很少会有人能经得起花 3 000 万美元来研究他们的私人生活。（在后一章中我们将回到我们寻找某样东西的强度及其对我们所发现的东西的影响的问题上。）

这些"调查"和故事使我们对人对己的看法有失偏颇的方式，可由理查德·尼斯贝特（Richard Nisbett）的经典心理学实验来阐明，后者的调查对象被要求听两名指定的消防队员来叙述，其中一名是成功的，另一名则不是。一半调查对象被告知，成功的消防队员冒着生命危险，而不成功的消防队员则没有。另外一半被告知相反的情况。这样做以后，他们又得知，指定的消防队员并不存在，完全是实验者胡编的。令人奇怪的是，调查对象们继续受到为他们编造的不管是哪一种解释模式的影响。如果他们曾经被告知冒险的消防队员是成功的，那么他们将继续认为将来的消防队员应该按他们是否愿意冒险来选择；如果他们曾经被告知的是相反意见，那么他们也继续那样想。如果被问道，怎样考虑冒险或不冒险与成功救火之间的联系时，每个组的成员都能给出一个恰当的、与他们原来被告知的故事相容的解释。

更加一般的是，我们力求所有巧合与各种各样的故事合理化。我们总试图使它们有意义，我们甚至试图取消伟大的、无处不在的"出乎意料的定律（墨菲定律是其特例）"。因为我们所相信的故事（至少隐喻地）已成为我们的一部分，于是可能在超出自我保留的意义下，我们就被安排为总是去寻求它的可靠性，而很少去寻求它们的不可靠性。（我敢说，只要随便环顾一下我们的周围，也能肯定这点。）

　　一个被人们经常运用的来自统计学的非常简单的概念是：要经过一段很长的过程才能使这种有关肯定或不肯定的自然倾向极小化，并确保更为批判性的思考。这一概念就是所谓二对二的表，其中将考察任何两种现象 A 和 B 之间的所有四种可能的关系的频数：不仅有 A，还有 B，这是经常使我们先入为主的，同时还有 A 和非 B，非 A 和 B，以及非 A 和非 B。这一观念是如此初等，它可以教给少年儿童和职业政治家。

56

圣经密码和性丑闻

　　还有另外一个心理弱点应该提及。在试图明确一件事的意义时，如果事件有重大牵连时，人们大大乐于把事件看作当事人的意愿，而不是运气。例如，在一项试验中，一组调查对象被告知，某人把车停在斜坡上，结果车滚了下来撞到救火龙头。另一个组被告知，车滚了下来撞伤了一个行人。第一组成员一般把事件看作一起事故；而第二组则更倾向于认为司机应对此负责。另一项研究证实，越是对一个事件或现象感情用事，就越是有人热衷于寻求使其有意义的故事。

　　这种心理倾向，再加上我们对肯定高于不肯定的自然偏好，以及我们对巧合的情有独钟，有助于解释我们在引言中提到的圣经密码。虽然这并非是一种"直接的"评价，下列非常和善的依样画葫芦的做法，企图消除争论中所涉及的概率论解释，并且指出，它们具有什么含义，不具有什么含义。

* 　 * 　 *

　　在各种神圣著作中找到密码所引起的吵吵嚷嚷，使人想起鲜为人

知的克林顿总统的律师们新近的发现。那就是，美国宪法内的编码预
言了莱温斯基（Monica Lewinsky）的性丑闻！推测起来似乎是那些起
草宪法的国父们，在令人敬畏的历史文献中，以有规则的间隔，让比
尔（Bill）和莫尼卡（Monica）这两个词的 10 个字母逐个出现。其引
人注目类似于圣经密码。这些细节颇有启发意义：在 Bill/Monica 中
相邻字母之间的间隔是 76；也就是说，在宪法的某个特殊位置处有一
个 b，再隔 76 个字母就跟随着一个 i，再隔另外的 76 个字母以后，跟
随一个 1，如此等等，直到 Monica 的 a 在 c 后的 76 个字母以后出现。
［那里有许多所谓 ELS（等距字母序列，equidistant letter sequences）引
起人们关注。］

关于这个似乎是有先见之明的字母序列的发现，我们自然只想知
道发生这样的事的概率。如果做一次近似假定：宪法中的字母是随
机分布的，那么在宪法中任何给定的 10 个等距字母位置上看到 Bill/
Monica 中的 10 个字母的概率是容易计算的：只要把序列内 10 个字母
中每一个的发生概率相乘（例如，如果在任何给定的位置上 b 的概率
是 0.014，i 的概率是 0.065，1 的概率是 0.011，那么在任何 4 个给定的
位置上出现 Bill 中的 4 个字母的概率是 $0.014 \times 0.065 \times 0.011 \times 0.011$ ）。
这样，这 10 个很小数的乘积是一个真正的无限小概率。

因为这一可能性是如此微不足道，我们可以认为，Bill/Monica 序
列发生在宪法的某些特殊位置集上是超乎寻常的事件；但是我们必须
对这个极端的不可能性的理解加以小心。其意义在于：如果我们在像
美国宪法那样，从每种字母有同样个数的所有正文的全体中选择一部
分正文，并且设计一种 10 个特殊字母位置的一种顺序清单，来验证
Bill/Monica 中的字母是否在这些被设计的位置上，那么其概率 P 就将
是另一回事。

然而，这样的程序并不反映在宪法中发现 Bill/Monica 序列的途
径。在我们的概率计算中，假定字母序列和位置是事先的，而正文的

选择与观察是事后的。在宪法密码的实际发现中，首先是观察，也就是说，Bill/Monica 字母序列在文件中通过我们可以想象的由波托马克（Potomac）河[8]上某智库中的一名计算机智能专家来发现。一旦这样的序列被发现，它发生的可能性问题就变得毫无意义。

同样明显的是，Bill/Monica 等距字母序列并不需要在宪法的某些特殊的位置发生。我们并不特别关心序列例如是在第 14 968 个字母开始；我们寻求的，只是这一图景在宪法的任何地方开始，这就是说，我们在通篇寻找许多不同的字母位置，使得其上 76 字母等距模式可以开始（假定在宪法中有 X 个这样的位置），并看它是否可能至少找到一个这样的地方。对于这个程序，观察到 Bill/Monica 图景的概率就相当大，大约等于 $P \times X$。

现在假设，我们不再寻找在 Bill 和 Monica[9] 中字母之间的 76 个字母间隔，而是在宪法的任何地方开始，寻找例如 1 到 1 000 之间的所有可能的字母间隔。于是我们观察到 Bill/Monica 模式的概率近似等于 $P \times X \times 1\,000$，而这个数可并非微不足道地小。

我们可以再次通过进一步扩充可能发生的次数，来增加发现这样的序列的概率。我们可以允许反向搜索，或者沿正文的对角线来搜索，或者（就如在圣经密码的情形那样）允许通过中间被正文所分隔的相邻条件，来分辨 Bill 和 Monica 的等距字母序列，或者搜寻总统或其情妇（们）的别的名字，或者取消对无限多的其他途径的约束。

如果我们对于这些序列的搜寻不公开地进行，如果没有找到合适的情况，则丢弃（例如，对于 zucchini 和 squash 的相邻等距字母序列），如果我们只公开我们找到的有意义的序列，并且以简单的方式来计算概率，那么显然，这些序列的意思并不是它们表面上看起来的那种意义。用一种方式执行一个过程，而计算与另一个过程相关的概率，委婉地说，也是一种违规。

几乎所有的圣经密码，不管它来自犹太教、天主教、伊斯兰教，还

是现代的什么教，不管它用的是 Cabala 还是 Monica，都能或多或少地

60　发现"宪法密码"的类似物 *。在引言中提到的统计论文也可以用来解释一种不同的、更为微妙的检测，其中涉及在搜索后的序列的选择中非故意的偏差、含糊定义的程序、古希伯来文的拼写和附注的多样性和随机性，或者将在下章中讨论的拉姆赛（Frank Plumpton Ramsey）[10]定理——一条关于在任何足够长的符号序列中，有序的不可避免性定理。这事实上是论文被发表的理由，而不是信仰密码预言。其普遍意义在于，强调任何基于无上下文的数字逻辑怪事的任何政治、精神或者性方面的判断，都是捕风捉影。

* * *

圣经密码只是我们把意义解读为巧合的自然倾向的最新表现之一。

61　我在《数盲》（*Innumeracy*）和《一名数学家读报》（*A Mathematician Reads the Newspaper*）中曾经写道，绝大多数巧合是使人晕头转向的空穴来风。例如，在一群人中有两人生日相同，这在 30 个以上的人群中相当平常。如果这群人中有 23 个，那么至少有两人生日相同的概率为 1/2。又如，从全国的电话本上随机抽取 A 和 B 两人，那么他们由两名中间人间接相联系的概率大得惊人；这就是说，尽管 A 和 B 看来互相不知道这种间接联系，但是非常可能的是 A 认识某人，某人又认识另

---

*　迄今为止，就我所知，并没有在美国宪法中发现 Bill/Monica 等距字母序列，尽管研究者布伦丹·麦凯（Brendan McKay）和大卫·托马斯（David Thomas）已经搜索过各种著作：《创世纪》[其中包含超过二十个对于希特勒（Hitler）和斯大林（Stalin）的等距字母序列]，莎士比亚、托尔斯泰、梅尔维尔（Herman Melville）[11] 的《白鲸》（*Moby-Dick*）[其中包含对于"海洋保持欢乐（Oceans hold joy）"的等距字母序列]，美国最高法院关于创世论的法规，以及芝加哥论坛的社论，并且在其中确实发现令人惊讶的序列。托马斯甚至在《创世纪》的詹姆士王版本的下列诗句中，找到一句简短的、标题式的对于罗斯韦尔（Roswell）[12] 的等距字母序列，和一个对于 UFO（不明飞行物，即飞碟）的等距字母序列，这里前一个等距字母序列用大写字母标出，后一个用下划线来标出：

　　And hast not suffered me to kiss my sons and my daughteRs? ThOu haSt noW donE fooLishLy in so doing.（而你已经不能忍受我去亲吻我的儿子和我的女儿？你现在已经愚蠢地这样去做。）

　　这些指定的等距字母序列每一个的可能性都非常小；由此，什么也不能推断，除非任意曲解小概率事件。——原注

一个认识 B 的某人。表面上，在林肯总统与肯尼迪总统之间，存在离奇的相似性清单。我说"表面上"是因为，麦肯雷（Mckinley）总统和加菲尔德（Garfield）总统之间，也存在可相比较的清单。行星名称的第一个字母按其与太阳的距离来排序是 MVEMJ*SUNP*[13]。月份的第一个字母是 JFMAMJJASON*D*[14]。有些应验的心灵预感都有可能建立在概率论的基础上。等等，等等。

世界性的巧合有时会被当作奇迹，不过其附带条件为，结果是正面的。（当一次罕见的地震恰好在学龄儿童一年中唯一的一次聚会时，震平了大楼，一般不会把它看作一次奇迹。）从较为世俗的描述来看，绝大多数的"奇迹"都是毫无意义的；有些指出了被人们忽视、然而有价值的联系；还有少量暗示着我们理解中的空白。大卫·休谟关于这后一种奇迹的见解还远远未被人领悟。休谟观察到，支持奇迹般巧合——即违背自然规律的现象——的每一证据，同时也是这样的命题的证据：允许被奇迹所违背的规律性，说到底不是自然定律。

62

最为令人惊奇的巧合，应该是所有巧合都不存在。这一陈述是前面提到的由英国数学家拉姆赛及其聪明的后继者所发现的定理主旨的粗略改写。（我重申其中的大部分观点：尽管容忍无意义的重复，远胜于容忍揭穿它的重复，后者通常被认为是责骂或认真的。）

错误地相信巧合是特有的、几乎总有重要意义的一个后果是，它在大多数现代虚构小说中甚为罕见；一旦引进一个巧合，就会被当作一种欺骗形式。我们已经离开维多利亚时代的小说家们太远，后者通常总会在他们的著作中引进古怪的巧合。如果夏洛蒂·勃朗特（Charlotte Brontë）[15]伸展巧合的长臂直至突破点，那么正如曾经注意到的，多数现代作家，已经把它削短为不自然的短棍，使之无法到达一个更大的世界。巧合是生活中无处不在的素材，离开了它们，小说和电影就寸步难行，角色的发展必定更为刻板而不逼真。

某些现代主义的文学形式，有意识地企图反映生活的偶然本性，并且这些意识流，支离破碎，东拼西凑，就像新闻报纸那样，包含许多巧合。在喜剧小说中，也容忍大量的巧合的存在，使得它们能产生喜剧效果。这种极大的宽容，也可以是喜剧作者冷眼看世界的反映，

63　他或她更乐意把事件从角色生活内部意味深长的上下文中剥离开来，并把它置于巧合的联系中。（这样，把事件和实体剥离出来的可容许性，以及把它们代入其他的上下文中，正如我们将在下章中所看到的，是非常不同于科学中的做法。在概率论和数学中，一般来说，等价物替代为等价物是容许的；在讲故事时，尤其是以第一人称来讲时，替代通常是不合适的。）

　　无论我们是对大多数巧合的无意义处之泰然，或者总坚持在其背后找出伟大的含义，最终，它是我们的个性和外在世界一个关键和引人注目的方面。

一种狡猾的手段与概率论的结合

　　某些巧合是意味深长的，但并非出于其表面的原因。在当代一种魔术般的技巧漂亮地说明了一种方式；它使两个人能够"有感知地相结合"，并生成另一种很难解释的巧合的合并。这个例子也与圣经密码有关。

　　数学家马丁·克茹斯卡尔（Martin Kruskal）在 15 年前发明了一种扑克牌技巧，它可以更加容易地根据一副去掉所有 10 以外的牌的扑克来说明。设想有两个牌手，一个是要弄者，另一个是被要弄者。要弄者让被要弄者取一个 1 到 10 之间的秘密的数，例如 X，并且要被要弄者看着要弄者慢慢地从一副洗过的牌中一张一张翻牌，注意第 X 张牌是什么。当到达第 X 张牌时，例如它是 Y，那么它就成为被要弄者的新

64　的秘密的数，然后他又被要求注意以后的第 Y 张接着的牌，而要弄者继续慢慢地一张一张翻牌。当后继的第 Y 张牌被翻出时，它的点数例

如为 Z，又变为被要弄者的新的秘密的数，然后再被要求注意后续的第 Z 张牌，此后，又有新的秘密的数，如此等等。

这样，如果被要弄者第一次取 7 作为他的秘密的数，他将随着要弄者慢慢翻牌来注意第 7 张牌。如果第 7 张牌是 5，那么他的新的秘密的数变成 5，他将注意此后的第 5 张牌。如果此后的第 5 张牌是 10，10 将变为他的新的秘密的数，他又将注意此后的第 10 张牌，以确定他的新的秘密数。随着他们逐渐接近这副牌的最后一张，要弄者翻出一张牌，并宣称，"这就是你目前的秘密数"，而他几乎总是正确的。这副牌并未作标记或者排顺序，那里也没有什么串通的同伙，也没有手势，也没有小心观察被要弄者注视翻牌时的反应。要弄者是如何完成这一技艺表演的呢？

答案很有意思。在要弄开始时，要弄者先取一个他自己的秘密数。然后他遵循他给予被要弄者的同样的指令。如果他取 3 作为他的秘密数，那么他就注意第 3 张牌并记下它的点数，例如是 9，后者就变成他的新的秘密数。然后他再注视此后的第 9 张牌，例如是 4，它又变成他的新的秘密数。

尽管要弄者原来的秘密数，与被要弄者原来的秘密数相同的机会只有十分之一，但是可以合理地假定、并且可以证明，不久或者以后，他们的秘密数就会重合；这就是说，如果选出两个或多或少是随机的 1 到 10 之间的秘密数列，不久或者以后，它们完全因为偶然而导致同样的数。尤其是，从这点出发，秘密数就会恒同，因为要弄者和被要弄者两者使用的是同样的从老的数产生新的数的规则。这样一来，要弄者要做的一切就是在接近摊牌的最后时，等待翻出对应他的最后的秘密数的牌，并且相信，这个数大概也就是被要弄者的秘密数。

在愉快地理解这点之余，不妨问一下，这样的诀窍是否有任何现实世界的类似？应该注意的是，这一诀窍在多于一个被要弄者或者没有任何要弄者（只要有某人在那里一张一张地翻牌）时也同样奏效。

让许多人在一起，每人取一个他或她开始的秘密数，然后按照上面所说的程序从一个老的数产生一个新的数；所有人最终会有同样的秘密数，从而此后都会步调一致。

如果我们允许人们用更为复杂的途径来确定新的秘密数，其中把从紧跟的前面的一个秘密数代替为前面的几个秘密数，并且我们把一张一张翻牌变为另一种像彩票或者股市中那样连续的数数活动，那么我们会看到在大范围内自然而然地达到步调一致的潜在可能。例如，许多投资者使用同样的计算机软件（即用同样的规则确定买卖），可以想象，某种大范围的略为变形的步调一致行为有可能形成，不管投资者初始位置在哪里。

我可以提出下列宗教骗局。考虑一本引人入胜的圣书，其中不涉及从书的开始部分选定哪一个词，下列程序总是导致同样的至高无上、神乎其神的词：先从你喜欢的无论哪个词出发；数数其中有几个字母，例如这个数是 X；往前数 X 个词到达另一个词；再数数它有几个字母，例如这个数是 Y；再往前数 Y 个词到另一个词；再数数其中字母数，例如这个数是 Z；反复这个程序直到达到至高无上、神乎其神的词。不难想象，从圣书的开始部分出发，一个词一个词地去狂热地验证这一程序，就会越来越相信，神灵将是这一现象仅有的解释。如果生成规则比在这一例子中所用的简单规则更为复杂，其效果就会更加神秘。

贝叶斯定理和修正我们的故事

我们所有人每天都在非正式地估计概率，并且大多数人，无论是作为个体还是与人合作，经常修正这些估计。然而，在给出这一修正以前，应该说说概率的理论定义。

不幸的是，对于概率的意义仍然还有相当激烈的争论。有些人把

它看作逻辑关系，就如我们对一颗骰子看上一眼，注意到它的对称性，　67
然后仅仅根据逻辑来判定，转出 3 的概率必须是 1/6。根据另一些人的
观点，相对频率是分析的关键，一个事件的概率，是指长时间内该事
件发生的百分比的速记形式，这里的长时间是通常意义上的。还有一
些人提出，概率是一种主观信念之类的东西，它无非就是随着似有似
无的故事和日常经验而增长的个人意见。

　　虽然论战仍然处于白热化阶段，数学家像所有打了败仗的将军那
样同时引退，并且宣称取得了胜利。他们已经观察到，由于所有合理
的概率定义最终都具有某些形式性质，那么干脆把概率定义为满足这
些性质的任何内容。这样的定义可能不能使人在哲学上得到满足，但
是在数学上得到了解放，并且可用来为全然不同的观念解释带来某种
极小的一致性。

　　所有概率解释看来都具有俄国数学家柯尔莫哥洛夫（Andrei
Nikolaevich Kolmogorov）[16] 所列出的性质，并且可获得如下的初等理
解：一个事件发生的概率是用 0 到 1 之间的某个数（或者等价地，由
某个 0% 到 100% 的百分比）来度量，而事件不发生的概率等于 1（或
100%）减去这个概率。多个互相排斥的事件（例如一颗骰子转出 1，3
或 5）之一发生的概率是每一事件发生的概率之和（1/6+1/6+1/6）。多　68
个独立事件全部发生的概率是它们各子概率的乘积。这些与其他性质
或公理不是本书的论题，但是我将考察它们的一条重要推论。

　　条件概率是在一定的或给定条件下的概率。随机选取一名成年人，
其体重少于 130 磅的概率不妨假定是 25%。在给定某人的体重少于
130 磅的条件下，身高超过 6 英尺 4 英寸的条件概率，我估计，远小于
5%。还要注意到，在给定某人是西班牙公民的条件下，他或她能讲西
班牙语的条件概率，我们可以说超过 95%，而在给定某人能讲西班牙
语的条件下，某人是西班牙公民的概率可能小于 10%。

　　贝叶斯定理是一个公式，它告诉我们应该怎样来修正我们有时提

出的主观条件概率，因而也间接地告诉我们，应该如何在给定的上下文和含义的条件下改造故事。我们每个人以迥然不同的方式，对无数事件和假设指派条件概率的网络是错综复杂的。我们对于事件发生赋以粗略概率的方式是不同的，对于事件发生之间的联系所指派的概率甚至更为不同。

这种杂乱无章的概率估计、倾向和信念的网络，在一定意义下，是我们的思绪以及我们不断编写的新经验与老故事之间动态交互作用的反映。正如我们将在下一章中所看到的，这个网络也依赖于别人的概率估计、倾向和信念。我们的主观条件概率的修正，一般会使我们的个人观点不涉及如何不合情理的特殊性与新的更为客观的迹象更好地一致。这样，尽管我会对偶然发生的事实视而不见，条件概率是非个人世界与我们告诉自己和别人的故事之间至关紧要的联结。

精确地说，什么是贝叶斯定理？虽然我们每人都在暗中用它来修正我们的概率估计，但是只有统计学家才会运用它的形式文本。为了记录在案，并且不用形式记号，贝叶斯定理可陈述为：给定某个新迹象的条件下，一个假设的条件概率等于（a）该迹象出现前，假设的初始概率与（b）给定假设的条件下，该迹象的条件概率的乘积，再除以（c）新迹象的概率。在这里，这一公式及其推导并不重要，因为通常通过构造一个表（就如在前面的窃贼的例子中那样），会比导出或运用公式更重要。重要的是，贝叶斯定理为我们提供一种把新的客观信息与我们的个人主观见解融为一体的方法。不幸的是，有时可能导致正确而又违反直观的结果，特别是在由个人和罕见事件所引起的局面中。

与贝叶斯定理有关的另一个问题是，实际生活概率可以用许多不同的方式嵌入无数的故事和争论中去，因而新的迹象也可以用许多（有时是无法比较的）方式被过滤并成为贝叶斯概率修正机制中的修正因素。日常故事总是多姿多彩、云雾朦胧的。例如，有些人打听到某律师的最近 5 个客户都被判有罪，那么当他们已经请他当辩护律师时，就可能向下修正他们被宣布无罪的机会。而另一些人则更重视所有客户都很富有并且来自国内各地的事实，可能看到该律师作为一位杰出从业者只处理最棘手的案例，于是向上修正了他们的估计。

这为多数微妙的法律案例提供了较好的解释。

复杂的法律故事和推断网络

概率与法律有一种不寻常的关系。尽管有贝叶斯定理，定量的概率与定性的似然之间不可能总被协调；对一个可能成立的论点赋予一个数值经常只是一个判断错误。概率论者有时是简单化论者，他们对法律的精细和保护是没有耐心的，而律师有时是数学盲，或者无视概率论所提供的见解。即使如此，每一个领域都还是包含来自对方的非常好的概念实例。一个主张仅当被发现是几乎不可能时才会被否决，统计实践的零假设，在法律的无罪推断中被当作漂亮的例证。

最近有一些著名的案例，如果辩论要用图表排列的话，其中的案卷要有几千页才能澄清（这是对旁观者而言，并非总是对陪审员而言）。在这样的图表中，导致罪行的各件证据和推断步骤，将被铺设、组织和逻辑链接在一起。每个辩论中的中间步骤，也将有支持或不支持自己的辅助证据链（显示在交叉询问和重定向检查中）。在这些辅助链中的某些步骤，将有它们自己的支持或反对的辅助链。（在上一章中提到的树状图与此有关。）现在，如果陪审员可以对这些物证和证词指派初等概率，那么重复应用概率法则，特别是贝叶斯定理，将产生总体有罪结论的一个可能性估计。如果这个总体概率不够高，被告将被宣判无罪。

71

在这里被有点简化描述的程序，是前西北大学法学院院长威格摩尔（John H. Wigmore）在他 1937 年的书《司法证据：作为由逻辑、心理学以及在法庭上的一般实验和图示所给出的结果》（*As Given by Logic, Psychology, and General Experience and Illustrated in Judicial Trials*）中早已提过的。约瑟夫·卡登（Joseph B. Kadane）和戴维·舒姆（David A. Schum）在他们的书《萨科和万泽蒂案件[17]证据的概率分析》（*A Probabilistic Analysis of the Sacco and Vanzetti Evidence*）中，以大量篇幅应用这一方法。

不同的陪审员和旁观者，对目击者的诚实性、客观性和观察的灵敏度所指派的概率，极大地依赖于他们的观点和生活经验。有些人是说实话的，但反应迟钝。有些人是有偏见的，但反应敏捷。陪审员对每件证据的可信性、相关性和中肯性所指派的概率，也因同样的理由而变化。一件证据可以是不容置疑的，但却是无关的。另一件证据可以是引人注目的，但却是令人生疑的。因而在确定概率时，这些特征的区分甚为重要。某些概率对于每个观察者来说基本是个常数。例如，在开枪时杀人的概率会被每个人都判定为 1。不同的故事将在目击者的证词和确证的证据中建立不同的联结。

此外，在概率评估的个人差异外，还有类似于上述的心理错觉，对此，我们全是主观的。例如，研究已经指出，辩方的一个行动，使一件事故的可能性从千分之零提高到千分之一，一般会被看作远比另一个辩方把一件事故的可能性从千分之五提高到千分之六甚至从千分之五提高到千分之十要强有力得多。

复杂案例的可作证据的、概率的和可鉴定的要素如此复杂，使得由此来组织信息并得出内在推断的人工手段极为有用。这样的手段可以采取手画的威格摩尔图表（在威格摩尔的书中正式描述），或者为在这样的推断网络中导航而专门设计的软件包（例如 ERGO）。我再次重复，陪审员和别的人可以对他们喜欢的证据和证词的片断指派无论什么概率，并把它们与犯罪的各种主张的故事相联结。但是，图表和软件只能保证这些可能荒谬的指派与从中得出的裁决在内部是一致的，而不能确保更多。

73

O. J. 辛普森和犯罪统计学

对性虐待有兴趣的读者，可能会试图想象反映辛普森（O. J. Simpson）[18] 案件所需要的浩瀚的威格摩尔图表，其中更多地接触到密切相关的贝叶斯定理、巧合，以及个人观点和社会规范之间的关系。下列的讨论取自我在第一次裁决以后为《费城咨询》（*Philadelphia Inquirer*）所写的一篇短评：

　　　对辛普森传奇的种种不满，可以说构成了犯罪统计学的许多实例。让我从阿伦·德肖维茨（Alan Dershowitz）律师在法庭上不断重复的一句老生常谈开始。他声称，因为少于千分之一的妇女被她们的配偶虐待，并导致被他们所杀，所以在辛普森的婚姻中，婚姻虐待与案件无关。尽管这样的勾画是正确的，但德肖维茨先生的主张仍然是蛮不讲理；它忽视了一个明显的事实：尼柯尔·辛普森（Nicole Simpson）已被杀。在给出谋杀和婚姻虐待上某些合理的事实假定以后，运用贝叶斯定理就可容易指出，如果一个男人虐待他的妻子或者女朋友，而她后来被杀了，那么打人者就是杀人者从实际上讲有 80% 以上的可能 [这点由琼·默兹（Jon Merz）和乔纳森·考尔金斯（Jonathan Caulkins）在最近一期《机会》（*Chance*）杂志上发表的方法可以清楚地证明]。这样，无须任何进一步的证据，这就是对警察的第一嫌疑犯辛普森先生的数学警告。我肯定不会鼓吹放弃我们的第四修正案权利 [19]；

我只是提出，在外观上看看辛普森先生是否不是无理由的，
或者这不是一个种族主义的实例。

74　　　　另外一个数学概念在法庭上被更尖锐地应用，那就是统计独立性。
正如以前所解释的，两个事件为统计独立的是指一件事的发生不影响
另一件事的发生。尤其是，当两件事的发生相互独立时（例如，多次
扔硬币），它们同时发生的概率就是它们各自发生的概率的乘积。

　　　　如果各种无罪证据的小块是独立显示的（并且有许多），那么它们
各自的概率，将是被用来相乘以得到它们全部都发生的概率。暂时先
忘记 DNA，而只考虑两个简单的物证的发现。什么是来自现场的犯罪
者的脚印就是辛普森先生的尺寸 12 的可能性？什么是辛普森先生在当
天晚上忍受谋杀者对他身体左侧的一刀的可能性（根据脚印左方的血
点来判断）？对于这些概率的估计可能会变动，但是我们不妨慷慨地
假设，它们分别只有十五分之一和千分之一。两件独立的证据都发生
的概率是：一万五千分之一，这是一个非常强的犯罪指标，与压倒一
切的 DNA 证据完全独立。再加进许多其他的小块证据，还会进一步减
小这个微小概率。

　　　　独立性在 DNA 鉴定中所起的作用也一样，其中引用的概率小于
五十七亿分之一，五十七亿差不多就是地球上的人口数，它事实上被许
多人看作检察官夸大其词的例子。但是地球上的人口在这里毫不相干。
75　因为这里有无比多的潜在的 DNA 蛋白质（就像有无比多的桥牌局一
样），比地球上的人还多，这就在非常完美的意义下，肯定了某人有一
种特殊的 DNA 片断（或桥牌局）的概率是七百五十亿分之一（或对于
桥牌来说是六千亿分之一）。这样微小的概率是许多小概率在一起相乘
的结果。

　　　　当然，也可以构作无罪论争的概率论点。例如，可以争辩的是，
审判中的关键问题，不是一个无辜的人有那么多对他不利的证据的

概率，而是拥有所有这些证据的人仍然是无辜的概率；这两者之间是相当不同的 *。然而，在辛普森的案件中，这不是一个有望成功的行动方案，因而辩方丢弃他们的阴谋和掩盖手法理论。对这样的现场赋以精确的概率是不可能的，但是采用这一说法以后，必须承担这样的信念：同样糟糕的警察局傲慢地无视尼柯尔·辛普森以前所有的求助电话，在发现她被杀时，会立即与辛普森先生毫无方向地设计一个合谋。警察、实验室技师和犯罪学家们（关于他们有一个例外，没有提交任何道德堕落的证据）将都被牵连到一个复杂的、邪恶的网络中去。

76

　　在法庭上是否用过一个威格摩尔图表？特别是在其关系必定是错综复杂的情况下，这样的表应该有用。陪审员看来会对某几件证据给出乱七八糟的权重（恰如其分是不容易的），而事实上会忽视另一些证据（血的证据）。尽管如此，由于其强制的内部相容性，这样的图表可以促成更系统的商议。还可以说的是，许多人对统计感到厌烦，因而我们应该使犯罪统计学变得容易。也许我们应该这样做，而不这样做将导致对杀人者的宽容。这里必须是在诱人的叙述与该死的概率论之间的某些协调。

*　*　*

　　主观视角和客观概率之间时不时地会有一种纠缠不清的关系，就像无形式聊天与形式逻辑之间一样。概率与统计的应用需要一个故事，一种上下文或者一个论点，这样才有意义。然而，正如我们将在下一

---

　* 一个例子有助于理解这点。想象有一个大约有一百万人口的城市，有一个可恶的杀人犯已经犯罪，而仅可采用的证据指出，杀人犯留有一种非常罕见的胡子。又假定城市中只有两个居民有这样的胡子。这两个人中之一是无辜的，另一个是罪犯。那么无辜的人有这种少见的胡子的概率是一百万分之一；因为一百万个无辜的人中只有一个人有这样的胡子。相反，有这样的胡子的人是无辜的概率是二分之一！因而旁证、动机和进一步的物证，总应该能找到来支持任何单件的法庭证据。——原注

章中所看到的，故事的逻辑、日常会话和非形式论点，并非总是可以
77　与科学、数学和统计的形式逻辑共存的。

译者注：

1. 德利罗（1936—　），美国小说家。
2. 伦勃朗（1606—1669），荷兰画家和雕塑家。
3. 维米尔（Johannes Vermeer，1632—1675），荷兰画家。
4. "天堂之门"是美国加州的一个邪教。1997 年 5 月发生 39 人集体自杀以逃离地球"再生"的事件。
5. 罗素（1872—1970），英国哲学家。
6. 原文为 pink，其原意也表示肤色健康。
7. 叶芝（1865—1939），爱尔兰诗人、剧作家。1923 年诺贝尔文学奖获得者。
8. 流经华盛顿的一条河。
9. 原文在这里变为 Paula，但从上下文来看，这里仍应是 Monica，下一处也是如此。
10. 拉姆赛（1903—1930），英国数学家和经济学家。
11. 梅尔维尔（1819—1891），美国小说家。
12. 位于美国新墨西哥州的一个城市，传说曾有外星人降临过。
13. SUN 就是"太阳"。
14. JASON 是古希腊神话中的一位希腊王。
15. 勃朗特（1816—1855），英国作家，脍炙人口的《简·爱》（*Jane Eyre*）的作者。
16. 柯尔莫哥洛夫（1903—1987），苏联数学家。
17. 1927 年发生的美国著名案件。萨科（Nicola Sacco）和万泽蒂（Bartolomeo Vanzetti）是两名意大利移民、无政府主义者。他们被控犯有两宗谋杀案而被判死刑。但因证据不足，曾引起全世界的强烈抗议。
18. 辛普森（1947—　）是美国著名的橄榄球运动员和好莱坞电影演员。他在 1994 年 6 月被控杀妻。该案件当时轰动全球，尤其是他于 1995 年最后被宣判无罪的时候。
19. 第四修正案是指对美国宪法的第四次修正的法案。它保证公民有不被无理由地搜查、查封、拘留和逮捕的自由。

第三章

无形式聊天与形式逻辑之间

为什么还从未有人会送我

一辆完美的轿车？你能设想吗？

啊，不，我总是会有好运来临，

得到一朵完美的玫瑰。

——多萝西·帕克

（Dorothy Parker）[1]

　　当我还是威斯康星大学的本科生时，我已经在听以沃尔特·鲁丁（Walter Rudin）教授出色的书[2]为基础的数学分析研究生课程。虽然该书在理论上自成体系，但还是相当抽象。* 如果我当时并不具有某些共有的直观，也没有听过基于鲁丁的另一本漂亮的、但更具体的书——较早的高等微积分课程，我就不会对课上的内容有多少体会。然而，我寻思，我照样能做好技巧练习和形式证明。

79

---

* 对内行的旁白：例如，鲁丁的《实分析与复分析》（*Real and Complex Analysis*）是用线性泛函理论来导出积分和测度理论的主题的。——原注

　　我的观点是：形式技巧与直观理解并非一回事。能像街头耍牌骗子一样耍弄符号和对象，并不一定意味着理解了隐含的数学原理。而这种理解也不意味着操纵自如。最快的鲁比克（Rubik）魔方高手们通常对隐含其解的代数群论一无所知，而让群论专家来耍弄魔方，即使成功，也会给人关节僵硬的幻觉。人们有时可以对有关概念毫不理会，而在技巧上得心应手，就像街头耍牌骗子和魔方高手所做的那样。更为普遍的是，每一种灵巧有助于由此及彼，一般首先来自直观，再是基于更多的技术诀窍。

　　这种直观意会和形式数学之间的关系在更一般的情况下也成立。就像要适应每日形势而发展统计概念一样，在聊天中，逻辑论断和技巧也在不断增加。人们为推进他们的观点，会有不可避免的争论和自然而然的愿望，而这会有利于那些掌握逻辑和数学的根本意义的个人。不管其演变和文化的细节如何，我们会发现，随着时间的流逝，产生的不仅是观察和交谈，并且也有定理和推论。逻辑、统计和数学观念的逐步成熟，有时会水到渠成达到无我的境地，而这些不起眼的基础和直观还继续成为我们理解它们的根据。（然而，这未必是说，我们的逻辑、统计和数学直观总是正确的。）

　　我们甚至可以把数学史看作关于针对某些越来越纯粹的观念的一系列对话。数学上的所有重大进步，就像孩子成长的大部分阶段，可以嵌入在历史故事中，这些故事为技术进步提供了直观的框架、动机、数学外的含义以及蕴涵的深意。

　　在这一意义下，数学史与其他领域的历史并无多大不同。当然，它是数学定理的历史，但它也是围绕定理的故事和传说的历史：毕达哥拉斯学派（Pythagorean）[3] 传奇，我们的数系的发展，阿拉伯的代数发展，从伊萨克·牛顿（Isaac Newton）[4] 到莱昂哈德·欧拉（Leonhard Euler）[5] 的微积分学的演变，伽罗瓦（Evariste Galois）[6] 理论以及代数转向抽象，分析中的柯西（Augustin Cauchy）[7] 观点，康托尔（Georg

80

Cantor）[8]集合论，卡尔·皮尔逊（Karl Pearson）[9]的统计检验，哥德尔（Kurt Gödel）[10]不完全性定理，概率论的柯尔莫哥洛夫公理化，在安德鲁·怀尔斯（Andrew Wiles）[11]的新近证明中达到登峰造极的费马大定理之谜，如此等等，不可胜数。

形式证明和精确计算通常被当作数学的确定性，但是大多数数学的学生（包括职业数学家）在大多数的时间中都感到，它们并非如此必要。他们就像其他领域中的人们一样，希望有不拘形式的聊天，启发式的解释，"对话"的历史背景，各方面的联系、直观、应用，以及对这里的逻辑是什么、故事是什么等如此问题的答案。对他们提供的司空见惯的回答是技巧、算法和诀窍的无法令人满意的大杂烩。

非形式逻辑和我们

本书并不致力于数学大定理的历史，而是要填补，或者至少要澄清，形式数学及其应用之间的某些缺口。在这里同样是来龙去脉的故事和心领神会非常重要。事实上，对于应用来说，无形式的聊天甚至更为关键。例如，在概率和统计的应用中，把握由非形式的论点所构造的局势和建立全面深入的叙述，比在公式中代入数字要紧得多。尤其是对数学（特别是统计）的大量应用的理解有助于弥补故事与数学（特别是统计）之间公认的缺口。

例如，不管对肯定的行动的有关统计是多么准确，它们必须被嵌入一个故事中，并且有助于推进一个真正有意义的论点。尤其是，故事和论点比那些刻板的数字更要任人推敲指点。这样，正如阿尔诺德·巴尔内特（Arnold Barnett）所观察到的，如果把某人宣称"如果我是小团体成员，我就会被任用"与不可信得多的"我未被任用是因为我不是小团体成员"混为一谈，那就大错特错了。也别提 HMO[12] 所发表的入会者满意程度统计有多高，所披露的有关样本并非是所有入会者的随机样本，而仅仅是那些多病缠身的入会者样本。（同样，表达的自由程度并不是由一般人怎样保持沉默的程度来衡量的，而是由某人怎样说某事的程度来衡量的。）

82

在统计观念的诸如此类的应用中，故事及其日常逻辑是原始的，而形式统计是第二位的。但是这里的问题在于（一支多媒体号角正在回响；如果你的书无声，请检查一下这本书的装帧）：故事的日常逻辑并非如同数学证明或科学示范中的标准逻辑那样。在共享直觉、讲述故事以及与人交谈时，人们通常以毫不相干的方式进行选材和阐述。与人们为了证明、研究和计算时所作的不同在于，人们更加乐意想象各种或多或少似是而非的情景，运用隐喻和类比，在特定的上下文中嵌入素材，以及采用一种特殊观点。结果，在讲故事、交谈和日常争论中的非形式逻辑与在科学推理和构造数学证明中所运用的标准逻辑相比，前者更为模糊、概括和以人为中心。

在日常的"故事逻辑"中，讲故事的我们怎样刻画事件和人物通常是至关紧要的；而我们对"所见"的观察和能力是本质的。例如，某人用手摸了一下眉毛，我们可以把它看作这意味着此人头痛。我们也可以把这一姿态看作棒球教练向击球手发出的信号。甚至我们还可推断此人是在若无其事地企图掩盖他的不安；或者干脆就是他的习惯动作；或者他是在为他眼睛中的灰尘而烦躁；或者取决于许多不确定的观察以及我们自找的许许多多人际关系的"莫须有"。一种类似的开

83

放性刻画了概率和统计在调查和研究中的应用。

这种对个人观察（甚至客观上是可笑的）和特殊上下文的依赖性，已经导致大量的关于"现实的社会共识"的毫无结果的争论，其中大多数是因为处于社会解释的现实，其社会性多于物理性。看来无可争议的是，体育竞赛、股票市场、流行时尚、选举、法律、经济合约、交通管制以及国税局等等的现实属于压倒一切的社会共识范围，而植

物、行星、普朗克常数[13]等的现实存在当然就并非如此。可以推断，数学是一种特殊情形：数和定理独立于我们存在，而它们的起源、应用和解释却不是。我们与人为法则之间的关系则与科学定律和数学定理的关系相反，它有点像虔诚的人们与祈祷词的关系那样，我们期望、相信、需要它们实现，于是它们就真起作用了。

与其继续去追寻乱麻般的后现代主义的思绪（尽管"乱麻性"有时被低估，尤其是被数学家所低估），不如让我来描述一下一种好奇心，它暗示在严格的数学结构和那些容许（即使是一丁点）个人选择的结构之间的不分明的界线上可能发生的事。

扑克和生活中的百搭

玩牌所引起的困惑可能是无聊的（许多人常被牌局中这样的威胁"让我给你一点颜色看看"吓得说不出话来），但是史蒂夫·加德布瓦（Steve Gadbois）、约翰·埃默特（John Emert）和戴尔·昂巴克（Dale Umbach）最近重新发现一个有关扑克游戏的事实，它应该对那些一生中从未玩过牌的人来说都有意义。职业赌徒和作家约翰·斯卡尔内（John Scarne）在他的书《斯卡尔内论牌》（*Scarne on Cards*）中首先提到这点。

设想你在玩一种带两张百搭的五张牌的扑克游戏；这是标准的扑克游戏，五张牌称为一手牌，其中两张百搭可由你来指派为任意值。由于这两张百搭，你和你的对手在选择什么样的一手牌来下注或跟注时有一定的自由度。

你还要按通常的各手牌的顺序来选取尽可能最好的一手牌，其中顺序是按得到这些手牌的概率来定的。概率越小的一手牌，其级别就越高。同种的三张比同种的两对的概率要小，因此，三张的级别要比两对的级别高，而后者又比一对的级别要高。然而，这些作者们注意到，引进两张百搭和百搭所允许的自由赋值，可能使各手牌的顺序搞得乱七八糟。

有了两张百搭后，会使你们更乐意形成三张，而不是两对。（任何牌的一对再加上一张百搭就变成三张。）因为在这一局势下，你们不太愿意得到能被三张打败的两对。假设你们改变规则，宣称两对要比三张大；那么原来准备选择三张的又会变为选择两对。在这一变更后的规则下，他们宁可形成两对，而不是形成三张。

这就如此周而复始：开始时三张比两对的概率要小。百搭的引入使它的概率变得较大。如果因此宣称两对比三张大，那么两对的概率又会变大。其他各手牌的顺序也因为引入百搭以同样的不可阻挡之势被打乱。事实上，有了两张百搭会使你得到一对，比得到一手散牌更容易，因而散牌应该打败一对！

当你们有这样的百搭时，就没有办法来得到所谓线性顺序。你不可能再像在没有百搭时那样按它们发生的概率来给它们确定等级，从而游戏最为本质的部分被宣布无效。

如此发人深思、煞有介事的事实，对我们其他人来说究竟意味着什么？如果说，严格定序的扑克牌领域都能仅仅因为引进两张百搭而引起不可定序的结果，那么就很难反对说，在那些并不那么确定的决策领域中，对非决定性和个人选择的处理甚至更为主观。我们在生活上的许多努力（结婚成家、生儿育女、养家糊口、交谈、学习、购物、投资等等）就被类似的、但同时又是相当模糊的游戏规则所制约。除了规则、法律、习俗、协议以外，有例外、诈骗以及实际上还有百搭。

某些建设性的结果被认为是相对不可能的，因而是有价值的，这就使人们百般努力、不择手段地去达到它，无论是使用坑蒙拐骗还是百搭。努力越甚，结局发生的概率越大，因而其价值就越小。这就没有办法给可能的结局定序；每一种试探性的定序的效果就是把等级搞

乱，并把某些结局的价值搞颠倒。很明显，日常生活中的流行时尚、　86
个人选择和社会共识（更不用提起股票市场）中的变数比起扑克中的
变数来简直多得无法相比；人们只能通过躲过百搭或它们的等效物才
能避免混乱。这是不容易的，甚至大概是不可能的。正如自负的数学
家所说，生活中充满着其值可由我们来决定的百搭。

规则、替代和概率

我们看待、刻画事件和人物时，通常采用一种开放的选择，并且
有助于形成我们可能采取的进一步选择。某人在一次考试中排名处于
第34%，就可能很容易被人描述为他的成绩中等，或者可能被人说，
很明显，这说明对于这门课他不行。不管是哪一种说法，他就被拒之
某些门外，而向他打开了另一些门。数字和事实通过我们的经验被过
滤，信念变为某种有可塑性的东西，从而外延和内涵的概念对于澄清
这一可塑性很有用。

标准的科学和数学逻辑被称为是外延的，因为对象和集合是由
它们的外延（即由它们的成员）来确定的。这就是说，如果两个实
体有同样的成员，就被认为是一样的，即使它们被不同地提及。在
日常的（多种）内涵逻辑中，则并非如此。在外延逻辑中相等的实
体在内涵逻辑中可能不是总能互换的。"有心脏的生物"与"有肾脏
的生物"在外延上可能被看作同样的生物集（即，有心脏的生物总
是有肾脏，反之亦然），但是两者在内涵上或意义上肯定被看作有所　87
不同。类似地有，某人可以答应在结婚日到达费城，但是，即使结
婚日是米勒德·菲尔莫尔（Millard Fillmore）[14]总统的生日（即它
们在外延上是一样的），这仍然是一个古怪的人在用奇特的方式描述
他的赴约日。

我们不能忽视这两种逻辑之间的缺口。在数学的上下文中，我们

在数 3 的位置上总能代入或互换为 9 的平方根或小于常数 π 的最大整数，而对上下文中所出现的论断毫不影响。相反，洛伊丝·莱恩（Lois Lane）知道超人会飞，即使超人等于克拉克·肯特（Clark Kent），她仍然不知道克拉克·肯特会飞[15]；这里互相取代是不能做的。俄狄浦斯（Oedipus）被女人乔卡斯塔（Jocasta）所吸引，而这一女人并不能外延为她的同一人——他的母亲[16]。洛伊丝·莱恩和俄狄浦斯的洞察力都可能是被局限的，但是在非人的数学王国里，人们对某些实体的无知，或者更一般的，人们对某些实体的态度，都不影响证明的正确性，或者说，等价物互相替代的可容许性。

历史的逻辑是内涵的。考虑任何历史上的大事，如果把其中的事件和实体随心所欲地替代，结果会像是诙谐滑稽或胡说八道。例如，把任何文献中的米勒德·菲尔莫尔的生日替代为某人的结婚日（"我一生中最幸福的日子是米勒德·菲尔莫尔的 172 岁生日"）。我们对事件的观点和更一般的历史结论，在一定程度上依赖于我们选择了哪一种外延上等价的刻画。我们如何来选择刻画依赖于许多东西，包括我们的心理、历史的来龙去脉以及所涉及的事件的历史后果。

内涵的不可替代性对于日常事件的描述也同样成立。当我哥哥和我还是孩子的时候，去祖父母家玩，我们就在他们家附近以我们的方式做游戏。在那里沿人行道每隔 25 英尺植有一棵大树，我们轮流对它们掷飞镖，并记下我们击中的次数。有一次我们穿着内衣时，我想说服他，我们曾经有过这样一次比赛。他怎么也不相信。一直到我们回到祖父母家，在我的内衣外面套上了游泳衣，他才想起来。尽管他很生气，而我幸灾乐祸，但是我们俩都承认，在那次胡作非为中，我似乎不像他那么笨。

更为一般的是，我们所有人有时都会喜欢、相信、期望、恐惧，或者困扰于某种东西，而不喜欢、不相信、不期望、不恐惧，或者不困扰于某种东西，而后者对于所有实用或者不实用的目的来说，在外延上是与前者等价的。*

89

　　所有这些与概率和统计有何相干？作为纯粹数学的分支学科，它们适用的逻辑是证明的标准外延逻辑。但是对于概率和统计的应用来说（这里指的是大多数人在提及它们时的意义下），适用的逻辑是非形式的和内涵的。原因在于，一个事件的概率，或者不如说是我们对它的概率的判断，几乎都会受到其内涵描述的影响。

　　例如，回顾第一章中，我们对沃尔多具有给定的特征指派一种可能性时所作的选择。如果我们把他描述为在其公民中 45% 的人都有某种特征的国家 X 的某一公司中的雇员 28-903，那么假定沃尔多分享这种特征的概率为 45% 就很有道理。但是如果我们把他描述为住在某给定地址的唯一的人，并且属于某个确定的种族群，而该种族群生活在国家 X，Y，Z 中的成员有 80% 具有所述的特征，那么我们大概会断定 90 沃尔多享有这种特征的机会为 80%。如果我们把他描述为在 X 国的全国性组织中特定的低级官员，其中的成员只有 15% 的人有此特征，那么我们很可能会提出他具有所述特征的机会只有 15%。

　　这些描述在外延上是等价的；它们都指向同一个人沃尔多。我们使用哪个不等价的内涵的描述（或它们的组合）以及我们拿什么来作为最基本的范围，在一定程度上取决于我们。而这种描述的选择影响我们对概率的选择，并且一切都将由此出发。

　　为了对这一点给出某种不同的解释，设想两个统计学家都在搜集一个橄榄球队什么时候会踢凌空球的数据。（这里不需要任何橄榄球

---

*　除了要区别内涵（intension）和外延（extension）以外，逻辑学家和哲学家还在区分内涵（intension）与意图（intention）。内涵大致可当作"意义"来使用，技术上则是在语言学上的上下文中，如果把它替代为外延上的等价物时，原意就不再保持。上面提到的超人——克拉克·肯特，母亲——乔卡斯塔的例子就是经典的说明。相关的意图通常是用来刻画有目的的行为，或者直接针对某物的精神状态（欲望、恐惧、信任等等）。两者紧密相关；例如反映某人意图的作品建立了一种有内涵的（不可替代的）上下文。他可以渴望 X，而对外延上等价的 Y 没有同样的意图。最后，英语中还有一个日常用词打算（intend），它是一种特殊的意图，因而在这一通常的意义下，有关某人的打算的任何讨论也是有内涵的。此后，我将不再在这些区别上过分咬文嚼字（除了对外延和内涵之间的区别）。——原注

方面的知识）。作为两个有经验的从业者，他们得到几乎完全一样的结果：一位统计学家断言，球队将在最后半场赛时的 95% 时踢凌空球，而另一位统计学家则断言球队将在第四半场赛时的 95% 时踢凌空球。（橄榄球规则规定四个半场，因而最后半场与第四半场是一样的。）但是如果游戏规则改变为允许五个半场，那又将如何？在这一情形下，第一位统计学家的预测仍然准确（球队仍然乐意在最后半场赛时的 95% 时踢凌空球），但是第二位统计学家的发现是不对的（球队在第四半场不再踢凌空球）。虽然最后半场与第四半场对于老规则外延恒同，而当规则改变后，它们在内涵或意义上的差别就清楚地表露出来。

比如，当支配福利的规则改变，并且曾经在外延上等价的群体不再一致时，那将会发生什么？我们精心搜集的统计数据是否仍然能相适应？或者曾经是外延等同的挣钱养家的人和丈夫，由于法律上和社会上的变化，对社会的经济学统计会怎样呢？

统计结果与内涵和上下文是息息相关的。概率和统计不太严格地应用于由人为的规则和法律控制下的情况，可以导致在科学上毫无意义。故事及其蕴含的逻辑和规则是无法与统计分离的。特别是，对于一个被解释的实体——一种比赛、一种福利体系、婚姻状况、一段历史时期——的任何统计研究，如果它不把对实体的解释考虑在内，例如粗枝大叶地用研究中的另一个外延上等价的实体来替代，就可能带来致命的缺陷。

一项数学应用的适用性会连续不断地遭到批评和引起根本性的争执；在这个意义下，它并不像数学证明那样牢靠，倒是有点像文学解说的变化无穷。

内涵逻辑和组合爆炸

内涵逻辑的确切含义是什么？内涵逻辑是包括如下所述的几个学

科病态的和不完全理解的全体：数理逻辑和哲学的某些派生学科（所谓模态逻辑、情景语义学、归纳逻辑以及行为理论），语言学的一部分、信息论、认知科学、心理学，以及最重要的我们所有人都有的非形式的日常逻辑直观和理解。

　　内涵逻辑比外延逻辑更多地受上下文、视野和经验的束缚，因此需要运用索引词：诸如这个、那个、你、现在、然后、这里、那里，以及最后但肯定不是最少的我和本人。在运用内涵逻辑时，我们必须对所涉及的行为和人定位。我们必须考虑他们的特性、他们知道的人和物，以及他们发现自己所处的环境。这样的定位和确定上下文类似于建立科学定律的初始条件——投射体的高度和速度，气体的温度和压力等等。然而，不像在科学的情形下那样，定律不计其数，初始条件通常不求其详，在内涵逻辑中，上下文、联系和条件比起相对较少的行为"定律"来要重要得多，翻来覆去地重述"你真是要设身处地地去体会清楚"经常是对的。

　　了解有多少这样的上下文、联系和条件存在并非完全无用。（接受简短的回答"许许多多"可导致你跳过下面一堆涉及庞大数字的段落。）某些数量级的估计可以提示你，这个含含糊糊的数有多大。如果我们假定人可以沿着 2 维变化——有或者没有诸如怕羞和聪明那样的特性——那么就有一个某人可能有 2^2 种特性的集合：有人既怕羞又聪明，有人怕羞但不聪明，有人不怕羞但聪明，有人不怕羞也不聪明。如果我们假定人可以沿着 N 维变化（有或者没有 N 种不同的特性），那么某人可能有的特性就有 2^N 种类型。

　　如果 N 也就小到 100，则 2^{100} 超过万万万万万亿，以致某人可能有的特性就有超过万万万万万亿种类型（这里甚至还没有提到对特性分等级）。那么人们之间可能的联系又有多少。如要存在 X 个人，那么就有 $[X(X-1)]/2$ 种可能的双人对以及 $2^{[X(X-1)]/2}$ 种可能的双人对的集合。如果 X 也就小到 100，那就有 4 950 种可能的双人对，以及 $2^{4\,950}$

92

93

（1 后面带 1 500 多个零）种可能的双人对的集合。三人组或者更多人的组呢？这些人（或集体）的特性之间的联系或结合呢？

而什么是可能有的情况？——可能有的观察、说话、买卖、制造等等种类的数目大得几乎不可想象。情境是由数不清的不同元素所组成的，其可能的组合甚至会发生更大的组合爆炸。

在处理这么庞大的数字时，可能以为常用的统计方法能使人占些便宜，其实并非如此。从我们个人的角度来看，与我们息息相关的事几乎总是显得特殊，即使在别人眼里看来相当平常。自以为天下第一，我们就会在意我们的背景和境况中每一个细微的色调变化，并且经常是以自我为中心，不太留心别人背景和境况的细节。虽然有无数可能的境况、联系和条件的存在，但从我们个人的角度看来，只有相当少的部分与我们自己的经历足够类似，因而生成相应的一般化或统计。这样，对于统计导向来说似乎得益很少。

可是我们仍然在设法把情况、关系和人分类；事实上，我们必须这样，否则遇到的任何特殊性都会使我们束手无策。（比较第一章中关于陈规的段落。）有许多可以立即识别的情况类型的非形式规则指引我们的许多行为。不管我们怎样处理，我们总在试图关注更高阶的规律性，而忽略不相干的细节。我们读小说常常是为了从一些表面上与我们并不相像的人物故事中洞察我们自己的生活。我们都理解和使用一种未被形式化的、大概不能完全形式化的逻辑，这种逻辑使我们明白我们的日常行动和交互作用，以及由它们构成的故事。

* 　* 　*

非形式逻辑如同标准逻辑一样包含变量。虽然学生们在开始学习代数和标准逻辑课程时，有时会因变量的引进而发愁，变量并不比内涵逻辑中的代名词更抽象，它们两者在概念上有着强相似性。（与此类似的是，名词类似于数学中的常数。）既然只有少数人会在代名词或它们的指代物的概念上遇到困难，看来应该只有少数人会在变量上遇到困难。

　　然而，数学有其别扭的地方：我们常常通过附加在变量上的等式约束来确定它们的值。这样，如果 $5X-4Y-3Z+3(1+7X)=22$ 并且有 $Y=3$ 和 $Z=2$，我们就能求得 X[或者，更典型的，如果我们被告知芭比（Barbie）娃娃的四个尺寸——身高、胸围、腰围和臀围之一的现实生活的等价尺寸，通过测量和求解简单代数方程，我们就可以确定其他三个的现实生活等价尺寸。我之所以用芭比娃娃来说明，是因为这一初等的事实看起来已经超出记者们的知识领域，他们最近的历史新闻报道就是热切地预期这种新娃娃的尺寸。与这些报道中所揭示的秘密不同的是，不管制造商是否公布芭比娃娃新尺寸的数字，我们至少可以知道它们的相对大小，并且只需要一个就可以计算出其余的来。]

　　解这些方程及其他更复杂的方程，与日常聊天则没有直接的类似，尽管神秘推理小说中的破案与日常推理似乎差不多。考虑下面的例子：某人（X）取消了她（Y）在旅馆的订房，他（X）知道她（Y）将会来参加典礼，知道她（Y）将会迟到，也知道要是没有以她（Y）的名义订的客房，她（Y）会因此烦恼，也会使邀请她的人（Z）感到尴尬。如果我们认识 Y 和 Z，我们能够发现是谁（X）取消了订房吗？对此我们得放弃算术和标准数学逻辑法则，使用更为朦胧的心理学和内涵逻辑的法则。

标准逻辑的概貌

　　在进一步探讨内涵逻辑的本质之前，我很乐意先简略介绍标准数学逻辑的初步知识。在这一过程中，我会指出为什么它不适用于处理日常情况、故事、上下文和对话。首先，标准数学逻辑本身只涉及很少几个词的含义。下面所附的每一句惊人的见解都是数学上的同义反复

（借助于逻辑联结词非、或、与、如果……那么，以及一些等价物的含义建立起来的正确的陈述）的例子："或者亚里士多德（Aristotle）[17]有口臭，或者亚里士多德没有口臭"；"只要'戈特劳勃和威拉尔德至少有一人在场'不成立时，戈特劳勃和威拉尔德就都不在场"；"如果只要托拉尔夫生气时，贝特朗就不高兴，那么每当贝特朗高兴时，托拉尔夫就没有生气。"（这种把简单陈述符号化的普通练习，例如用字母 P 和 Q 代替"亚里士多德有口臭"或"托拉尔夫生气了"，使我想起我所知道的唯一的一个基于逻辑的公共浴室的幽默：男浴室和女浴室的区别就是陈述［P 与非 Q］和陈述［Q 与非 P］。）

逻辑学家们使检验过程形式化。借助于这种过程，复杂陈述（由简单陈述经前面提及的联结词串联而成）被判断为总是对的（重言式）、总是错的（矛盾式），或有时对有时错的（未定式）。例如，这些规则使人们可以机械地确定，下述"美国小姐竞选"的广告究竟是在说什么："我们正在寻找一位既有天分又热心于公众服务的，或是长得漂亮的候选人。不幸的是，我们不能考虑那些有天分、热心公众服务，但长得不够漂亮的候选人。"

然而，这样的规则对于带有关系短语的句子不大有用。从"所有路德维希·维特根斯坦（Ludwig Wittgenstein）[18]的朋友都是我的朋友"和"梅厄·维斯特（Mae West）是路德维希·维特根斯坦的朋友"可以推出，"梅厄·维斯特是我的朋友"。这种推断不依赖于非、或、与、如果……那么的含义。这些规则也不能揭示陈述"你有时能够愚弄所有的人"和"你一直能够愚弄有些人"的关系。这些联系只有在扩展的逻辑中才能得到把握。这种扩展的逻辑包含变量（"X 是 Y 的朋友"或"你可以在 Y 时刻愚弄 X"）和所谓的量词（所有和有些）的关系短语。在这个较广的领域中，逻辑学家阿隆佐·丘奇（Alonzo Church）[19]已经证明，不同于重言式的情形，不可能有任何机械过程用来确定句子或论点的真实性。

如同联结词与、或、非和如果……那么的情形一样，复杂陈述能够由简单陈述、关系短语，以及联结词、变量和量词（的符号）组成。考虑定义在个体集合上的厌恶别人的逻辑形式"X 恨 Y"，其中每一个变量都可以一个表示泛指的全部或表示存在的有些开头。

如果这两个变量都被泛指量化，这个形式就成了："对于所有的 X 和所有的 Y，都有 X 恨 Y 成立"；或者更自然的，那种霍布斯（Thomas Hobbes）[20] 主义式的情感"每个人恨每个人"。如果第一个变量被泛指量化，而第二个被存在量化，那么我们有："对每个 X，都存在一个 Y，使得 X 恨 Y"；或者更现实的："每个人都恨另一人"。变换量词的顺序，前面的句子给出了："存在一个 Y，使得对所有的 X，X 恨 Y"；或者是替罪羊式存在性命题："有一个人，大家都恨他"。如果第一个变量被存在量化，第二个是泛指量化，结果则是吝啬的："有一个 X，使得对于所有的 Y，X 都恨 Y"；更好一点的表达是："有一个人恨所有的人"。如果两个变量都被存在量化，我们得到："有一个 X 和一个 Y，使得 X 恨 Y"；或者是司空见惯的"某人恨某人"。那么什么是"对于所有的 Y，有一个 X，使得 X 恨 Y"的口语表达？

附加一些术语来表示两个或更多的对象、联结词、符号、量词和符号，以及推断的规则之间的关系，使我们拥有一个强大得多的逻辑系统。借助这一系统，我们实质上可以把所有现有的数学推理形式化。这一系统一般被称为谓词逻辑，其美妙、高雅、强有力和精确，我甚至还没有提及。

在一种已经进入一般运用的用法中，关于谓词逻辑的符号、命题或证明的陈述或讨论（例如"那个陈述是错的""这个证明是成立的"等等）被称为元陈述或讨论。类似地有，元元陈述是关于元陈述的陈述，元元元陈述是关于元元陈述的陈述。一本书的评论是一本书的元讨论，而一篇关于书评的文章是一本书的元元讨论。元陈述提供了被讨论的不管什么的一种上下文。这个非形式的词上下文，有一个稍广

99   泛一些、也更切合实际的范围，但是正如陈述可以移动为元陈述的过程那样，嵌入到一个上下文的过程也可以迭代——上下文的上下文，如此等等。这样的过程在理论上可以无限制地进行下去，但在实际中，应该在某处停止。[如果一个小报摄影记者曾经拍下了另一个小报摄影记者正在给戴安娜王妃（Princess Diana）拍照时的照片，他的照片将把那个人的照片内容取作上下文，并将成为一种元照片。]

　　不像谓词逻辑和数学一样，英语常常是不准确的；要把英语句子（特别是比喻性的）形式化常常要费点功夫。"闪光的不是金子（All that glitters is not gold）"就是一个例子。它究竟意味着"不是每一种闪光的都一定是金子"，还是意味着"每一种闪光的都一定不是金子"？甚至是最简单的系词是（is），都可能有几种非常不同的方式翻译到形式逻辑中去。比较下面的句子："埃斯屈拉恭就是贝克特先生（Estragon is Mr. Beckett）"，这里的是（is）是表示等同的是（is）——e=b；"埃斯屈拉恭是着急的（Estragon is anxious）"，这里的是（is）是谓词的是（is）——e 具有性质 A；"男人是着急的（Man is anxious）"，这里的是（is）表示包含关系的是（is）——对所有的 X，如果 X 是男人，那么 X 就是着急的；"有一个着急的男人"，这里是（is）表示存在性（在逻辑的意义下）——有一个男人，他有着急的性质。

　　英语中的冠词 a（一，一个）也很成问题，它的解释有时会依赖于动词的时态。例如，下面的两个论断尽管有着相同的形式，但它们不是等价的：

　　　　一只猫要生存离不开水（A cat needs water to survive）。
　　　　因此我的猫普芬要生存离不开水（Therefore my cat Puffin
100   needs water to survive）。
　　　　一只狗正在后院里叫（A dog is barking in the backyard）。
　　　　因此我的狗金格正在后院里叫（Therefore my dog Ginger

is barking in the backyard）[21]。

在把英语翻译成这种人为地加以限制的形式语言时，另一个困难来自这种陈述的艰涩，即它们可能不用逻辑联结词（与、或、非）、变量、量词（所有、有些）和关联谓词（"X 攻击 Y"，"W 偏爱 U 更甚于 V"）。一直到最近，生成陈述的情况或上下文才被忽略。这与数学陈述和论断的无时间性和普遍性没什么差别；但在试图理解人们的信息交流和故事讲述时，这样做很难被认为是合理的。

情况、语义学和统计

一个由来自不同领域的学者组成的团体，包括哲学家索尔·克里普克（Saul Kripke）、数学家琼·巴尔怀斯（Jon Barwise）（我在威斯康星大学时的论文导师）和文学理论家马克·特纳（Mark Turner），正在突破数学的谓词逻辑；他们已经在对内涵逻辑中受上下文约束、自我参照、充满比喻、以当事人为中心、不透明的参照性质等不同方面进行形式化。虽然还有相当数量的其他学者可被提及，但是受我的目标所限，在此略去不提。我只是想强调内涵逻辑的重要性，并且指出，不管一个主题的形式多么不好，它总是我们理解数学应用的基础，特别是概率和统计的应用（故事和无形式的聊天也一样）。这些应用并非像人们一般相信的那样，清楚而无可争辩。

例如，克里普克已经在《命名和必然性》（*Naming and Necessity*）一书及其他地方展开了一种有意义的"可能世界"理论，它澄清了多种必然性（在所有有关的世界里为真）和可能性（在某些世界里为真）的概念。这种理论有助于阐明那些关于给实体命名［特蕾莎修女（Mother Teresa of Colcutta）[22] 和格鲁乔·马克斯（Groucho Marx）[23] 在所有可能世界里是同一个人吗？］以及在可能世界间的联系（要是鼓手

101

速度不高，混战还会发生吗？）的问题。这种"可能世界"的理论也已
经在文学理论中引起许多共鸣，在那里它已对揭示一个虚构世界中的
事件、境况和人物的含义带来一线光明［彼得·潘（Peter Pan）[24] 住在
哪里？］。

　　巴尔怀斯在他的《情景逻辑》（*The Situation in Logic*）以及其他一
些地方已经设计过数学逻辑的一种推广。这种推广在一种表述中建立
它的上下文或情况的明确参照，并且允许一种情况是更复杂的表述的
对象。在标准的逻辑中，要刻画像"沃尔多看奥斯卡学习"这样的基
本陈述是很困难的，因为沃尔多所看的不是一个人或某种物质对象那
样的实体，而是奥斯卡学习的情况。在巴尔怀斯描述情况以及情况的
类型的"情景语义学"中，这就变得可能而自然。

　　这种方法也强调了通常的叙述和对话情况中自参照方面。"共同基
础"或"共同知识"——对话中的每个参与者都从中获取信息，也为
之增添内容——是一个决定性的概念。这个概念的通常陈述是，如果
米尔特尔和沃尔多都知道 X，知道别人也知道 X，知道别人也知道别
人知道 X，以此类推无限多次，那么 X 就是米尔特尔和沃尔多共有的
基础信息的一个元素。用另一种陈述，X 是来自米尔特尔和沃尔多共
有的基础信息中的一个元素，是指米尔特尔和沃尔多都知道 Y，而 Y
等于复合陈述"X 与米尔特尔知道 Y 与沃尔多知道 Y"。请注意，Y 是
用自己来定义的。还有一种方式是，共同基础或共同知识是一个固有
的自参照的观念，这种观念需要至少两个人只知道同样的一点信息，
并且知道别人也知道这个信息。

　　不管怎样形式化，通常人们交流（包括概率和统计方面的交流）
的情况和自参照方面，有助于使讲故事和对话成为自我架构和文化架
构不可分割的一部分。与某人交流的一个必要方面，是与他或她的感
情交流（这当然需要确定他或她的存在）。人们必须参照必要的文化和
背景知识、参与者的共同基础或共同知识，以及手头的特殊情况。从

大人国的故事里我们可以知道，这里涉及的理解是微妙而不易把握的，它们也是必要的知识。

例如，没有一台计算机曾经通过著名的图灵[25]检验，这种检验常常用对话的框架给出：想象你本人正被安排通过一个电视屏幕与两个对话者进行对话。你的任务是确定，哪一个对话者的硬件（或生理学）是基于硅的，而哪一个是基于碳的[26]。如果你不能完成任务，就称该计算机通过了图灵检验［以逻辑学家阿兰·图灵（Alan Mathison Turing）的姓命名］。至少在可预见的将来，一场与计算机的对话将很快揭示出它的机器灵魂。我们所具有的潜移默化的知识总量大大超过我们自诩的模仿者。我们知道，猫不会生在树上，它们也不会生出拖拉机来；人不会把芥末放在自己的帽子里，也不会把短袜放进牛奶壶里；牙刷不会比我们大，也不会在家具店里卖；甚至还有皮外套是用皮做的，布外套是布做的，但雨披不是用雨做的。为揭露一个假冒者时必然要做的一切，将是问机器几个诸如此类的对于人类来说一目了然的问题。

作为一名在数理逻辑方面有博士学位的人来说，我发现这一领域——一个永恒的真理和论证的堡垒——中的一些专家们正在开展的工作非常有魅力。他们正在形式上探讨这样的观念：交流是一个社会协调的过程，上下文在其中常常起到关键性作用。基恩·德夫林（Keith Devlin）在他的书《再见了，笛卡儿》（*Goodbye, Descartes*）中，已经把这一领域命名为"软数学"。这类似于所谓"软科学"和"硬科学"之间的区分。软数学支持文学和人文科学的学者们长期以来拥有的一些直觉，而这些直觉并不摒弃真理和参照的概念。

这种部分和解应该不太令人惊讶。尽管人们普遍认为，文学、讲故事或者对话，与逻辑、数学或统计的应用之间，不大会有本质上的相互对立或不可调和。正如情景语义学试图借助一类扩展的形式逻辑演算，来容纳丰富多彩的日常理解中更多的部分，"情景统计学"的发展应该建立在对常识性叙述所暗示的捉摸不定的概率的检验上。我们不能对那些试图把诗歌和寓言中的每一种表达方式都纳入谓词逻辑强求一致的模式的人有太大的指望。我认为，还应该痛责那些胡乱地把事实和数字插入到统计公式，并且散布不合格结果和误导言论的人。

相关的一点是关注社会统计数据的搜集和传播，如何影响被测量的量。大多数宗教信仰者的调查，微妙地阻碍了不信仰者或无信仰者的表达。举另一个声名狼藉的例子：性调查是靠不住的；理由很简单，即人们在被陌生人问及他们的性生活时，经常会说谎。怎么可能前后一致地报告一个异性恋的男性，平均来说比一个异性恋的女性有更多的性伙伴？尽管如此，这类调查的公布对人们的性生活以及他们愿意暴露（或虚构）什么的确会有影响；它也有助于确定他们的性观念。再重复一遍，统计解释不能脱离内涵逻辑的自参照、不完全理解规则的影响。

叙述的共同基础

奥地利记者卡尔·克劳斯（Karl Kraus）曾经声称："精神分析是一种自以为是治疗方法的精神疾病。"虽然我赞同他小看弗洛伊德（Sigmund Freud）[27] 有限的科学价值，但是这句双关语贴切地揭示了内涵逻辑的自我建构方面。听、说，以及最终使故事内在化，是自我建构必要的步骤。我们采用他人角色中的片段和模式，并使它们成为我们自己的元素，而这些片段和模式是由简单的、动物般的习性演变过来的。这种对我们的家庭、我们的朋友，以及以一种弱形式对更大的社区的同理心，使得我们成为我们（反感以相同的方式在起作用，虽然一般是沿相反的方向变化——社区、朋友、家庭）。同理心也促成可能的人际交流，促成所谓的认知耦合，或者较平凡的思想汇合。

正如已经指出的那样，科学的外延逻辑不适合描述在讲故事和对话中起重要作用的这种认知耦合。一般来说，我们不只是互相传授知识，然后从关于外部世界的这种信息中引出静止的推断。我们是在与别人"共舞"，并且建立一个故事或对话可能在其上进展（或在某些情形下不进展）的共同基础。一个不能进展很远的对话例子——尽管是"共舞"的例子——是下列模式化的对话类型。

> 乔治：你好，玛莎！
>
> 玛莎：怎么回事，乔治？你要冲我发疯吗？
>
> 乔治：不，当然不。
>
> 玛莎：是，你就是。你为什么发疯？
>
> 乔治：我告诉过你，我不是。
>
> 玛莎：你就是。我能从你的声调里听出来。
>
> 乔治：我在努力不冲你发火。
>
> 玛莎：看，你对我越来越敌对。为什么？我做了什么惹你这样发火？
>
> （乔治大步走了出去，门在他后面被"砰"地关上。）

106

不是所有对话的两阶段都会引起这种纠缠不清的敌视；有些会有相当大的变动。我在研究生院的一个熟人，他总能自以为是地以"令 X 是一个完备赋范巴拿赫空间"作为一场对话的开始，然后目不斜视地进入定理的陈述和证明。在其中一次这样的"对话"中，我突然想到，我可以离开而不被注意到，不过我还从未这样干过。虽然这不是他的本意，但是此人的"对话"说明，标准逻辑中所隐含的对话和讲故事是无足轻重的。

下面另一个不同的研究生院的故事是基恩·德夫林讲述的。无论是这个故事还是它的许多变种都表明，我们的"对话探戈"在逻辑上可能多么微妙。有三个研究生来帮他们的数学教授搞园艺。他们全是为了来调剂生活，结果都在前额上弄上了泥点子。当他们围坐在桌子旁享用他

107 们的饮料时，教授评论说，他们中至少有一个人前额上有泥。结果过了好一阵子之后，他们同时起身去洗自己的前额。既然他们中的每个人可能都已经看到，他们中至少有两人前额上有泥，那么教授的评论——看起来不大会影响他们已有的信息——怎么可能还有信息？

简短的回答是：教授的评论增加了他们的共同知识。具体来说，三个研究生中之一摩尔泰默可能以下列方式对待另两个学生沃尔多和奥斯卡的推理，来进行后继推理。摩尔泰默告诉自己，如果他的前额是干净的，那么沃尔多将看到这一点并推断出：如果他沃尔多的前额是干净的，那么奥斯卡在看到两个干净的前额之后，一定会知道他奥斯卡的前额遭了难并立即起身去清洗。既然奥斯卡没有这样做，那么我沃尔多的前额一定是脏的。既然沃尔多和奥斯卡都没有起身去洗手间，摩尔泰默就得出结论：他摩尔泰默的前额是脏的。

但是这种情况是对称的，沃尔多和奥斯卡会经过同样的推理过程得出每个人的前额都脏的结论。假定每个学生同样机敏，并且推理节奏一样快 *，我们就可得出结论，他们会同时起身去洗自己的前额。总而言之，摩尔泰默、沃尔多和奥斯卡已经注意到他们中至少有两人前额上有泥点，但是"他们中之一有泥点"这一共同知识仍旧可以引发进一步的行动。

这种学生们思考所引发的共鸣联合体使故事与统计间的缺口（或者更一般的，文学与科学之间的缺口）的一个重要方面变得明晰起来。

108 纯数学及其外延逻辑允许——事实上，甚至是号召——个人脱离于一种关系、一种政府政策、一种生物学现象、一个完整的星系等等。数学是使人解脱的；它使我们丢开一切。相比之下，非形式的内涵逻辑规则都来自生活，散发生活本身浓重的气息，它倾向于使我们与别人

---

* 这一假设失败会使我想起最近见过的一位固执己见、反应迟钝的人："最后笑的他思考最慢"。——原注

共处，引导我们与别人彼此影响，引导我们预先假定既有个人的自主权，又有一个共享的社会相互关系存在。内涵逻辑是含蓄的；它总要牵连我们，并与我们纠缠不清。

下面是泥点故事的一个变种，它能更好地说明内涵逻辑的含蓄本性。

狂怒的大女子主义者的寓言和股票市场

我写这个寓言是在 1997 年 10 月股市大跌的一个星期之后。它发生在一个地点不明的愚昧的大女子主义村子里。在这个村子里，有 50 对夫妇，每个女人在别人的丈夫对妻子不忠实时会立即知道，但从来不知道自己的丈夫如何。该村严格的大女子主义章程要求，如果一个女人能够证明她的丈夫不忠实，她必须在当天杀死他。又假定女人们是赞同这一章程的。她们既很聪明，又能意识到别的妇女的聪明，并且都很仁慈（即她们从不向那些丈夫不忠实的妇女通风报信）。假定在这个村子里发生了这样的事：所有这 50 个男人都不忠实，但没有哪一个女人能够证明她的丈夫的不忠实，以致这个村子能够快活而又小心翼翼地一如既往。有一天早晨，森林的远处有一位德高望重的女族长来拜访。她的诚实众所周知，她的话就像法律。她暗中警告说村子里至少有一个风流的丈夫。这个事实，根据她们已经知道的，只该有微不足道的后果，但是一旦这个事实成为公共消息，会发生什么？

答案是，在女族长的警告之后，将先有 49 个平静的日子，然后，到第 50 天，在一场大流血中，所有的女人都杀死了她们的丈夫。要弄明白这一切是如何发生的，我们首先假定这里只有一个不忠实的丈夫 A 先生。除了 A 太太外，所有人都知道 A 先生的背叛，因而当女族长发表她的声明的时候，只有 A 太太从中得知一点新消息。作为一个聪明人，她意识到如果任何其他的丈夫不忠实，她将会知道。因此，她

109

推断出 A 先生就是那个风流鬼，于是在当天就杀了他。

现在假定有两个不忠实的男人，A 先生和 B 先生。除了 A 太太和 B 太太以外，所有人都知道这两起背叛，而 A 太太只知道 B 太太家的，B 太太只知道 A 太太家的。A 太太因而从女族长的声明中一无所获。但是第一天过后，B 太太并没有杀死 B 先生，她推断出 A 先生一定也有罪。B 太太也是这样，她从 A 太太第一天没有杀死 A 先生这一事实得知，B 先生也有罪。于是在第二天，A 太太和 B 太太都杀死了她们的丈夫。

如果情形改为恰好有三个有罪的丈夫，A 先生、B 先生和 C 先生，那么女族长的声明在第一天不会造成任何影响，但类似于前面描述的推理过程，A 太太、B 太太和 C 太太会从头两天里未发生任何事推断出，她们的丈夫都是有罪的，因而在第三天杀死了他们。借助一个数学归纳法的过程，我们能够得出结论：如果所有 50 个丈夫都是不忠实的，他们的聪明的妻子们终究能在第 50 天证明这一点，使那一天成为正义的大流血日。

现在我们把森林远处来的女族长的警告代替为对去年（1997）夏天泰国、马来西亚和其他亚洲国家的通货问题的警告；妻子们的紧张和不安代替为投资者的紧张和不安；妻子们只要自己的"公牛"没有被刺伤就心满意足代替为投资者们只要自己的"公牛"没有被刺伤就心满意足；杀丈夫代替为抛股票；警告和杀戮之间的 50 天间隔代替为东亚问题的大崩盘之间的延迟，你就会得到这次大崩盘的成因。更清楚地说，利益息息相关的金融集团们可能已经在怀疑其他的亚洲经济是不堪一击的，但直到某人如此公开地说，并最终发觉了他们自身的不堪一击以前，他们是不会行动的。这样，马来西亚总理在 1997 年 4 月批评西方银行的讲话就起着女族长的警告那样的作用，促成了他最担心的这次危机。

幸好不像是故事中的丈夫们那样，市场是能够再生的。华尔街波涛后来的此起彼伏说明，如果妻子们能够让丈夫们在炼狱中短暂停留之后再复活的话，这种类比就会更加逼真。这就是地球村中的生与死、买和卖。

* * *

当家庭秘密和所有与党派有关的政治阴谋在成为共同认识时，它们以一种类似的方式扮演一个不同的角色。有统计事实（和伪事实）的情形也是这样；当它们成为一个足够大的群体的共同认识时，它们当然也不可避免地要经历角色转换。与前额有泥的故事、狂怒的大女子主义者或家庭和政治阴谋相比，我们可能不需费尽脑汁地去选择接受关于财富分布、健康威胁、性生活、时尚、犯罪率，以及大量的其他事情的统计数字，并使它们成为我们各种关系和故事的公共基础。

例如，公众意识到吸烟导致大量的死亡，或普遍接受家庭暴力广泛存在（与大女子主义的村子不同，这一般意味着妻子被虐待）等情形就是这样。不幸的是，一些伪造的联系，例如乳房植入与各种自体免疫疾病间的关系，也可能一度成为我们的共同基础的一部分。不管与现实的联系多么微弱，我们采购的特殊统计数据有助于定义我们是谁。那些我们全体认可的、并因而变为我们的共同知识的信息会激发我们挺身而出，或者去洗脸，或者去杀死我们的丈夫。概率和统计的解释再次寄生在内涵逻辑和心理学这一朦胧王国中。

当然，极大部分蕴涵在故事和对话中的细微之处不是统计的，而它们在很大程度上依赖于情景的千变万化和与周围交互作用所演化的特色语言风格。尽管哲学家们警告说，一种完全私人化的语言是不可能的，半私人化的语言却已成为任何两个有重大联系的人的共同基础的一部分，并且在任何延伸的故事中出现。一对夫妇如何表示他们的购物意图和对于金钱的态度，就能写满一本小书。这种理解产生的自然方式在下面的故事中得到了说明。

一个休假中的年轻人给家里的兄弟打电话。

"奥斯卡这只猫怎么样了？"

"它死了，今天早上。"

"太可怕了。你知道我对它是多么的依恋。你不能婉转点透露这条消息吗？"

"怎样婉转？"

"你本来可以说它在房顶上。然后下次我打电话给你时，你可以说你当时没能把它弄下来，就像这样你一点一点地透露这条消息。"

"好，我知道了。很抱歉。"

"顺便问一句，妈妈怎么样了？"

"她在房顶上。"

从自传到模型和小说

另一个私人故事和理解以一种隐蔽的、自我参照方式与公开声明和统计数字相互作用的领域是自传。考虑下列的假定和问题。假设我自找麻烦，去挖掘有关下列问题的统计：二十世纪早期的希腊移民、头孩心理学、二十世纪五六十年代的生活、非同寻常的出生率激增现象、双亲离婚以及大量的表面上看来与我的心理发展有密切关系的另一些客观问题。向读者提供这些事实和图景是否比下面几段自传体叙述告知更多的有关我的信息[下面是逐字摘自我的一台几乎丢弃的凯珀洛（KayPro）计算机中一个几乎遗忘的怀旧文件]？

作为希腊移民的长孙，我是他们关注和讨好的焦点。我被宠爱和取悦，在我童年生活中的每件事物，看起来都是不可思议和充满活力的；我感到孤独，发困的双眼凝视着卧室门上的螺旋花纹；傍晚的阳光闪耀在沿街建筑物红色的砖墙和黑色的生锈防火楼梯上；人行道的线条和路边的碎石片，小巷中的街角杂货店和下水道飘来的各种气味，这一切都在默默地吟唱。我回忆起我的祖母用她的手指分开我的头发，并且蘸着唾沫擦去我脸上的污垢；那真是一种无比安详的感觉。我还记得我和祖父在我们芝加哥住所的房顶上大嚼西红柿沙拉。

在中西部没有空调的每一个夏夜，亲朋好友们都会坐在房外的台阶上聊天，而我则坐在角落里，边听边遐想。我以一种完全莫名其妙的方式感觉到绝大多数大人关心的事都是愚蠢的，并且这种默默的领悟使我感到异常快乐、极为安然和一点点优越感。我的母亲很美丽，而我的父亲是一个棒球手。所有的一切都非常非常美好。

114

*　　*　　*

很久以后，我的父母在结婚 36 年和有了四个孩子后离了婚。这并不怎么令人惊讶。他们一直就很不一样，后来变得越来越不一样，终于不可收拾。我父亲喜欢借题发挥，喜欢写诗，喜欢开玩笑和沉思冥想。他对生活有一种希腊岛国的威尔·罗杰斯（Will Rogers）[28] 式的观念。我母亲相比之下要更紧张、更专注和更一心一意，也更优雅和更有魅力。令我母亲懊恼的是，父亲不够潇洒。而对父亲来说，母亲又不够热情。

我怎么能对他们的差异视而不见？在我大约 10 岁的一天，我因为生病留在家里没去学校。只要人都离开，我的母亲就会打开高保真音响，听《蝴蝶夫人》（*Madame Butterfly*），海伦·摩尔根（Helen Morgan）[29] 的故事，或是其他一些无望爱情的伤感歌曲的混杂，声音在整个屋子里回响。当她跳舞、通电话或在一种罗曼蒂克的气氛中做家务时，她显得很快乐。

然后我的父亲回家了。他的上衣皱皱的，帽子歪戴着，领带总是松松垮垮的，脸上带着那种独特的龇牙咧嘴的笑。"今天晚上斯帕恩（Warren Edward Spahn）[30] 是投手。勇敢者队要翻身了。你们瞧好了。"我爱他们俩。

115　　　无论一个人对故事和数字的相对优点这个问题如何反应（我的反应是这本书），清楚的是，讲故事和所应用的统计数字足以把各种备选的见解纳入各种备选的实体中去，通常是个体相对于所在的集体。我已经讨论了统计数据的外延本质，它与以自传为典型的必要的内涵描述大不相同。然而，自传的出现显示了统计研究与各种叙述（特别是小说）之间另外的更一般的（不）相似性。

＊　＊　＊

　　作为世界一部分的缩影，统计模型和现实主义小说都或多或少是描述性的，或多或少是准确的，也或多或少是暗示性的。对于这两种近似（特别是涉及经济或社会问题的应用，或者是历史小说或长篇史诗小说），我们都想问问，其中有多少是基于密切的观察和研究，又有多少是基于创新和习俗。

　　不幸的是，绝大多数统计模型，以及我深信还有绝大多数小说，都是用一些稍经加工的陈词滥调构筑而成。买一些昂贵的统计软件包，从中挑些标准模型，填入你的数据，发表几句慷慨激昂而毫无意义的声明，如此而已，除了钱外无须多大工夫。当然，设计这类软件要比使用这类软件的困难大一个数量级，但是甚至连这种设计也常常不需要什么灵感。同样，参加足够多的作家研讨会，将使得那些渴望成名

116　的小说家们给他们最平淡无味的故事，披上煞有介事的时髦外衣。

　　结果经常是，模型往往模不好型，小说小有新意可说。对两者来说，为达到某种洞察力，其本质在于要突现生动的细节，在模型中，

这类细节一般是结构性的。模型的假定是否"从头到尾"成立？反过来，"从头到尾"突出的规律性是否已被模型掌握？在小说中，这类细节是场景上的、风格上的和情感上的。行动、思想和对话是否刻画逼真？反过来，现实中的行动、思想和对话是否在小说中已找到其自然的表现方式？

世界及其表示之间的对应是一件好事，但是，在预测或揭示预想不到而又违反直观的见解时，模型和小说是最为可贵的。人口统计学模型表明，人们在有较多的可支配收入时，倾向于增加在奢侈品上的开销；揭示已婚男女有时会有外遇，并对其配偶撒谎的小说，则并非那样一针见血。对此还需要添油加酱、故弄玄虚，风格上还得有亮点。

基本的假设常常有各种补充和解释，并由此产生不同的数学模型和计算机仿真。例如，关于艾滋病的传染，有一大堆不同的流行病学模型，其中每一个都或多或少地与已知的事实和通常的假定相容，但每一个也都有与事实相反的预测。由麻省理工学院的经济学家迈克尔·克莱默（Michael Kremer）提出的一个模型，甚至作出这样的并非完全荒谬的结论：在某些情形下，整个人口中大范围地增加放荡会降低感染的蔓延；这大概是因为它使绝大多数的性活动不再需要把他们的幽会集中在那些最危险的人群中的结果。类似的是，五花八门的预测结果出自预测通货膨胀、失业率和其他经济变量的各种计量经济模型。

同样，几乎一样的情景线索也可能产生很不一样的小说。例如，大多数传统的浪漫故事都有这样的模式：小伙子遇到姑娘；小伙子失去姑娘；小伙子赢得姑娘。对于恐怖小说来说，也有一种模式存在。不过，由此写出的书当然不全相像。还有对于经典谜语"浑身黑白红的是什么[31]"的解答也是那样。据巴里克（M. B. Barrick）在他发表在《美国民俗杂志》（*The Journal of American Folklore*）上的《报纸、谜语、笑话》（*The Newspaper Riddle Joke*）一文考证，其答案数以百计。范围

117

从报纸到非标准的谜语条件模型，如羞羞答答的斑马，脏烟囱中下来的圣诞老人，受伤的修女，一个极端种族主义者被一对黑白夫妇气红了眼睛，长红疹的臭鼬等等。

　　下面的苏菲派（Sufi）伊斯兰教故事选自马苏德·法尔赞（Masud Farzan）的《另一种笑》（*Another Way of Laughter*），它诙谐地说明，从几条假定出发，要框住无比丰富的现实是多么困难。正如在报纸谜语中那样，对于任何一套假定，几乎总能找到替换的模型。这在哲学上有时称为"欠定问题"。

* 　 * 　 *

118

　　一位罗马教廷的学者正在访问帖木儿（Timur）的宫廷。帖木儿让一位著名的毛拉（Mulla）准备与来访学者进行一场智斗。毛拉做的第一件事就是让他的驴子驮上一堆题目不知所云的书。在智斗的那天，毛拉和他的驴子一起出现在皇家庭院里，尽管在他们之间语言不通，毛拉以其当地人的非凡仪表和过人智力，气势上压倒了罗马学者。这位学者最终决定考考这位毛拉的理论修养。他举起一个手指。毛拉以两个手指作答。罗马人举起三个手指。毛拉回答以四个手指。学者挥动他张开的手掌，毛拉的回答是握紧拳头伸进他的手掌。然后，学者打开他的公事包，拿出一个鸡蛋。毛拉从兜里掏出一个洋葱作答。罗马人问："你的证据是什么？"毛拉向他的书打了一个莫名其妙的手势。罗马人看了看，他面对那些书名是如此震惊，就低头认输。

　　谁也不懂他们间的较量。在随后的茶点过后，帖木儿悄悄地问罗马学者，这究竟是什么含义。"他是一个才华横溢的人，这位毛拉，"罗马人解释说，"当我举起一个手指时，表示世上只有一个上帝，他举起两个手指是说上帝创造了天地。

我举起了三个手指，表示人在怀胎—生—死间循环，毛拉以四个手指作答，象征人的躯体是由土、气、水、火四种元素组成。我挥动张开的手掌，意味着上帝无处不在，而他用握紧的拳伸进他的掌心，是补充说上帝同样也在这里，在我们中间。""好吧，那么鸡蛋和洋葱是怎么回事？"帖木儿紧追着问。"鸡蛋是地（蛋黄）被天包围的象征。毛拉拿出一个洋葱表示地周围的天有很多层。我问他，他用什么证明天的层数和洋葱皮的层数一样多，结果他指给我看那些高深的书。唉，那些都是我所不知道的。您的毛拉真是一个非常博学的人。"然后沮丧的罗马人就离开了。

119

与毛拉讲同一种语言的帖木儿，下一步就是问毛拉关于这场辩论的情况。毛拉回答说："这很容易，陛下。当他举起一个手指向我挑衅时，我举起了两个，意思是我会挖出他的两只眼珠。当他举起三个手指时，我确信他打算踢我三下。我就以牙还牙，要回敬他四下。他扬起整个手掌，毫无疑问，是要扇我一个耳光。那样我就会回他一记重拳。他看到我是认真的，就开始变得友好起来。送我一个鸡蛋，我就送他我的洋葱。"

* * *

虽然包含较多数字信息的故事线索和假定集合限定了它们的解释，像在这个寓言中对手指和拳头所作的那样，但是许多党派间的政治论战，就它们掌握的所有吓人的统计数字来说，也并非一目了然或者相当完全。有时非言辞的传统和实践限制了误解的可能性，甚至会比数字还要好。例如，古老的宗教依赖于习俗、传统和成文的经书，看来就比那些只依赖于宗教著作的新派信仰体系少一些胡乱解释。

120

模型、小说和宗教分别是数学假设、文学情节线索和神学典籍的可能解释，不过，冒着说得太直白的风险，我要指出，在不同层面上这是正确的。正如前面的故事所指出的那样，甚至在小说中也可能有虚构现实的备选模型。

身份错位——使不计其数的故事在叙述的山坡上翻来滚去的小发动机——可看作这样的一种方法：引进一些属性、假设和关系的一个意想不到的载体（非标准模型），然后把这个人物安置到该书的世界中去。书信体小说也一样，它们由两个通信人大量的信件和日记组成，常常包含对一些普通事实的对立解释（模型）。萨缪尔·理查森（Samuel Richardson）[32] 用英文写作的绝对一流的两部小说《帕梅拉》（*Pamela*）和《克拉丽莎》（*Clarissa*）就是这种形式。谋杀案的神秘性常常依赖于对相同事实（或者有时就是对同一件事实）的根本不同的解释。

在更为现代的小说中，这种观点在很大程度上决定了读者可能得到的解释。例如，任何奸情故事都至少可以从四个自然的角度来讲：受害的配偶、不忠实的配偶（如果两个人都不忠实，选其中有情趣的任何一个）、情人和局外人。想象一下用夏尔·包法利（Charles Bovary）的观点来写的《包法利夫人》（*Madame Bovary*）[33]。婚姻不协

121   调的解释却常常与他们境遇的基本事实相协调。

数学模型的概念在澄清文学作品的多种含义和过度反响上是一个有用的工具。元讨论的概念就是这样，虽然它至少要回溯到对古希腊戏剧中合唱团的元评论上，但它在有实验根据的元幻想小说中，甚至在通俗文化中［从"你是如此自作多情，我发誓，你以为这支歌说的是你"到戴维·莱特曼（David Letterman）[34] 以及比维斯和巴特黑德（Beavis and Butt-head）[35]］，都在扮演越来越普通的角色。文学解释的标准工具——比喻、转喻、情绪、时尚、模仿，以及许许多多诸如头韵[36]等等——要强大得多，也多得多。但还是有一些证据表明，在逻辑、哲学、认知科学、人工智能和心理学中的形式化工作，正在缓缓靠近文学理论家的（更合理的）洞察力——螺旋推进的洞察力并非与数学

应用的解释完全不相关。然而,即使这些边缘地带还没有布满敌方的地雷,它们也依然有大半是无人问津的。

* * *

关于模型和小说的最后一点是:纯数学、统计学或逻辑的必然正确,需要更明确地与其他断言的试探性和不确定性区分开来。连最漫不经心的观察者都知道数学陈述要么是被预先设定的(公理),要么是被证明的(定理),而不是像科学定律和假设那样是被检验的或被证实的。来自诸如物理学、历史学或心理学等经验科学的陈述,是依附于现实的物质世界的。至少在概念上,波义耳(Robert Boyle)[37]气体定律、泰坦尼克号(Titanic)的命运和美国总统的性补偿,都曾经可能是别的东西;但命题 $2^6=64$ 或者"$(1/\sqrt{2\pi})(e^{-x^2/2})$ 从 1 到 2 的积分值是 0.136"就不是这样。一旦一条数学陈述在一个模型里被指派了一种物理的(社会的、心理学的)解释,它就不再是一个必然的数学命题,而变成一种不确定的经验性的东西。

再重复一遍,数学的应用是容易遭受批评和引起争议的。但这并不是针对它的定理。如果我们不能正确评价这一事实,会使我们遭受类似那些现在已经灭绝的猎人部落的命运;这些猎人们对于箭(向量)的理论性质十分精通,但当他们发现一只熊出现在西北方向时,他们就同时把箭瞄准北方和西方。

必然的数学真理和不确定的经验性断言之间的区别,与哲学上由来已久的一种区别紧密相连。一条分析性的陈述定义为:陈述是否为真取决于它所包含的词的含义;而一条综合性的陈述则是:陈述是否为真取决于周围世界是什么方式。"单身汉是未婚的男人"是分析性的;"单身汉是放荡的男人"则是综合性的。"UFO 是未被识别出的飞行物体"是分析性的;"UFO 中有来自遥远的另一个太阳系的绿色的小外星人"是综合性的。当莫里哀傲慢的医生解释说"安眠药起作

122

用是因为它有催眠的效用"时，他是在作一条空洞的、分析性陈述，而不是一条实际的、综合性的陈述。这一区别是从伊曼纽尔·康德（Immanuel Kant）[38]和大卫·休谟给出的类似陈述中导出的。虽然在当代，这一区别曾被奎因（Willard van Orman Quine）[39]挑战过，他认为这样的区别只是一个程度和习俗的问题，但它仍旧一般地标记出一条被休谟称为"观念的关系"和"事实的素材"之间深不可测的鸿沟。

*　*　*

下一章用一种不同的方式来讨论这些问题中的一部分，并考察概率论的一个分支信息论给我们的一些启示；其中之一是说，故事传递的信息几乎是在字面意义下变成故事的一部分。

附录：幽默和计算

[下面节选自我于 1995 年一次在荷兰的特文特（Twente）大学举行的关于计算和幽默的学术会议上的发言。我之所以在这里插入它，是因为上面提及的看起来不相干的主题之间的密切关系，是同故事与统计之间以及聊天与逻辑之间的联结紧密相连的。]

我曾以《数学和幽默》（*Mathematics and Humor*）为题写了一本小书，1980 年由芝加哥大学出版社出版。在那本书里，我探究了幽默和数学共有的操作、观念和结构。幽默被宽松地定义为在一个合适的情感氛围*中，这样那样的被察觉的不和谐所引起的结果；而数学被理解为包含逻辑、数学本身和语言学。据我所知，这是对于幽默的形式性质的第一项数学研究。

---

* 在这本书里我已经使用了更一般的词：情况或上下文，而不是情感氛围，也把视野从幽默拓宽到各种叙述；同时，我在很大程度上把数学限制在与概率统计有关的部分上，因为这些部分具有更直接的应用价值，也比其他部分（比如代数拓扑）更能引起大多数人的兴趣。——原注

本书的话题之一是数学和幽默都提供智力娱乐，并都可以被认为是处在智力游戏的连续统上。当然，在数学中强调的是智力，而在幽默中则是游戏。在两者之间则是一些诸如谜语、智力测验、动脑筋之类的混合物。纯数学和幽默都是由于它们自身的缘故被广泛接受，而并非出于任何狭隘的功利主义的原因。创造力和机敏是两者共有的标志。在不同的方式下，逻辑、图式、规则和结构对于两种努力都是本质的，重复、自参照和非标准模型也一样。两者都使用逻辑中的归谬（reductio ad absurdum）技巧，但在数学中关键在于"归"，而在幽默中更关注"谬"。冗长的证明或笑话一般是被排斥的；表达的简洁无论是在数学中还是在幽默中都是被赞赏的，就像术语的文学解释那样（对图书馆里挂的"低声"标语的反应是说话时更靠近地板一些）。

书中的大部分幽默会被弗洛伊德称为无倾向性机智，其中幽默以推理的错位形式被可靠地展示，而不是性冲动或侵犯冲动。有一个关于两个白痴的例子，一个白痴又高又瘦并且秃头，另一个则又矮又胖，他们刚从一个酒馆出来。当他们开始往家里走时，一只鸟儿从头顶飞过，鸟粪落在瘦子的秃头上。矮个子说他要回酒馆拿些手纸来，而高个子在抬头不知看什么地方："不，不用那样。那只鸟现在大概都飞出一英里了。"另一个幽默是关于一个大学生的。他在给他母亲的信中说他选了一门快速阅读课。他母亲回了一封长长的、废话连篇的信，信的中间她提道："既然你选了那门快速阅读课，那你大概已经看完这封信了。"第三个幽默关于一个在和囚犯玩牌的监狱看守。当他发觉那个囚犯作弊时，看守把囚犯扔出了监狱。

五年之后，即 1985 年，哥伦比亚大学出版社出版了《我思故我笑》（*I Think, Therefore I Laugh*）。写这本书的目的至少部分地是作为对维特根斯坦的下列注记的答复：哲学中的一个严肃的好作品，可以完全由笑话来写成。如果有人理解了相关的哲学观点，他就得到了笑话（或寓言、故事，或智力题）。我宣称，幽默和分析哲学在一个深刻的水平上达到共鸣（例如，两者都表示出强烈的揭穿假面具的倾向），并且我还用故事和笑话来支持我的论断。同时，还有一些从翡翠悖论[40]、乌鸦悖论[41]，一直到分析性和综合性陈述的区别之类的论题阐述，以及哲学权威和喜剧权威之间的假想对话。请随我来看看来自这本书的伯特兰·罗素和格鲁乔·马克斯之间对话的例子。

格鲁乔遇到罗素

格鲁乔·马克斯和伯特兰·罗素：前者是伟大的喜剧演员，后者是著名的数学家-哲学家，他们都以自己的方式陶醉于自参照之谜。当他们相遇时，他们互相会说些什么？假定发生了一件荒唐的事，他们两位一起被困在深居曼哈顿中心地带的一座建筑的地下第 13 层。

格鲁乔：这肯定是一段揪人[42]的情节发展。罗素阁下，您的种种蠢人玩意主义[43]打算怎样让我们摆脱这种困境？（旁白：在这里与一位阁下讲话，真叫我打怵。我想我要更有教养一些。）

罗素：看起来电源有些问题。以前已经发生过几次，最终每次都会转向相当正常。如果科学归纳对于未来有任何指导作用的话，我们将不会等太久。

格鲁乔：归纳？您是说"笨人自有笨人福"[44]，别说梦话吧。

罗素：马克斯先生，您在这里已经有了一个好的想法。正如大卫·休谟在 200 年前指出，使用推理的归纳原理的唯一保证是归纳原理本身，一个明显的三角循环，实在不是很可靠。

格鲁乔：三角循环从来都不可靠。我曾经对您讲过关于我的哥哥、嫂子和乔治·费内曼的故事吗？

罗素：我不相信您讲过，不过我怀疑您说的可能不是同一种的三角循环。

格鲁乔：您说得不错，阁下老兄[45]。我说的不仅仅是一个三角，或者一个锐角三角形，而是一个钝三角、蠢三角。

罗素：很好，马克斯先生，我也懂一点您说的三角。您可能还记得，大约在 1940 年，关于我在纽约城市学院的教席曾经引起过一次相当大的骚动。他们反对我对于性和自由性爱的观点。

格鲁乔：就因为这点他们想给您那个位子吗？

罗素：迫于强大的压力，当局撤回了聘任，我没有进入学院。

格鲁乔：算了，不要为此操心。我肯定不愿意参加任何想接受我为成员的组织。

罗素：这是一个悖论。

格鲁乔：是啊，戈德堡（Goldberg）和鲁宾（Rubin）是布朗克斯（Bronx）区的一对宝贝[46]。

罗素：我说的是我的集合性悖论。

格鲁乔：喔，您的"鸡公性伴侣"[47]。毫无疑问，是硕士们和约翰逊。真奇怪，像您这样一位大哲学家也会有这样的问题。

罗素：我是指所有不包含自己作为元素的集合的集合 M。如果 M 是它本身的一个元素，它应该不是；如果 M 不是它本身的元素，它又应该是[48]。

格鲁乔：真是处处为难。不过这种无聊话已经够了。（停下来听）嗨，他们在顶梁上敲送消息呢。某种顶梁上敲的码子，贝提[49]。

罗素：（格格发笑）也许我们应该称它为哥德尔码，马克斯先生，以纪念杰出的奥地利逻辑学家库尔特·哥德尔。

格鲁乔：管它叫什么。谁先猜中这个密码，就赢 100 美元。

127

罗素：我来试试翻译它。（他聚精会神地听敲击声）它说，这条信息是……这条信息是——

格鲁乔：快，快解开这个哥德尔码，贝提宝贝，快停、停、停下您这口、口、口吃。整个电梯轴都在震动。快让我离开这个鬼地方。

罗素：这敲击声使顶梁发生共鸣。这条消息是……

一声爆炸。

电梯抽风似地上下震荡起来。

罗素："……是假的。这条消息是假的。"这条陈述像这部电梯一样是无根据的。如果这条消息是真的，那么根据它所说的，它一定是假的。另一方面，如果它是假的，那么它所说的一定是真的。我担心这条消息已经破坏了平台屏障[50]。

格鲁乔：不要为此担心。我一辈子都在做这种事。它会带来一些起伏，反之亦然，但正如我哥哥哈尔波不厌其烦地说"为什么一个家伙"。

* * *

我从这些和另一些我也可以包括在内的小品文引出一个结论：试图理解、生成和系统化幽默的形式和内容完全等价于人工智能的一般问题。也就是说，领会幽默在大多数意义下等价于领会智力本身。幽默渗透在我们的理解之中，并且与理解不可区分。我相信维特根斯坦的下列说法是对的，他曾写道，幽默应该被看作一个副词而不是名词。甚至幽默的图式"定义"——在一个合适的情感氛围下被觉察的不和谐中，也使它的普遍性极为明显。很少有词汇能比不和谐更模糊和更意味深长。然而，应该指出，幽默设计并非是不可能的事，只是它完全像人工智能中的任何设计一样难。

那么计算机科学家应该怎样才能造出一部至少可比作具有幽默感

的机器？让我提供四个相当不同的建议。

首先，他们应该不那么野心勃勃，而是先针对一些特殊类型的幽默和笑话的模式，来制作一些专门的幽默识别器和生成器，其中有许多已经能够被计算机生成。初等的组合技巧可合成双关语（W. C. 费茨向孩子们介绍的俱乐部容易闹翻[51]）、首音互换（诸如，时间伤害了所有脚踵[52]）、标准课文的多种随机替换（例如经典的 $N+7$ 游戏，即将一段作品中的每个名词用某个标准字典排定的顺序中的后数第 7 个名词来替换）、回文及其许多难读的变种、谚语重组［两个谚语的重组，诸如"滚动的石头有虫吃（A rolling stone gets the worm）"或"手中的鸟儿没人要（A bird in the hand waits for no man）"[53]］、乔姆斯基（Noam Chomsky）[54] 变换（妻子：你不想为我停止吸烟吗？丈夫：是什么使你认为我是为你吸烟？）、简单重复（小灾难接踵而至）以及与自参照或元参照相结合的迭代（一辆拖着拖车的拖车，一个神经质者担忧自己担忧太多，一个属于濒临灭绝的物种的动物唯一的食物是一种濒临灭绝的植物，或者一封主题是"参见内容"、内容是"参见主题"的电子邮件）。

随着分析的单元变得越来越抽象，问题就变得越来越复杂。这样，识别或生成情态笑话——形式和内容不配对的讽刺（别闹了，闹腾鬼！）——将需要更加可观的编程技巧、语言学诡辩和背景知识，而不只是认知或生成双关语。我们离生成笑话还有不知多远的距离，正如下列经典的（真实）故事所说的那样：一位著名的（这里姑且隐去他的名字）哲学家正在作一个语言学方面的演讲，他刚刚提出，双重否定结构在某些自然语言中有肯定含义，而在另一些语言中有非常否定的含义。然而，他又观察到，没有一种自然语言中的双重肯定结构有否定含义。对此，另一位著名的哲学家在演讲厅的后面嘲弄地回应："是啊，是啊。"

这就把我带入我的四个建议中的第二个。我注意到，节俭意识对于数学和幽默来说，一般都是本质的。衡量节俭的一种途径是用由格雷戈里·蔡廷（Gregory J. Chaitin）[55] 以及其他人设计的复杂性概念（在下一章中将进一步讨论）。例如，如果两个计算机程序生成相同的 0—1 序列，一般会偏爱较短的那个。这是奥卡姆剃刀[56] 的一个版本（也将会被进一步讨论），它告诫我们不要考虑引入不必要的实体或复杂化。

弗洛伊德主义中的节俭观念也可以费些力气以这样的方式来看待，这种节俭观念能使侵犯意识和性意识以一种伪装的方式简洁地调用出来。戳穿大吹大擂，大致类似于寻求一种一针见血的评论，或一种与某个较长的东西具有相同逻辑内容但较短的"程序"——这暗示着简化和揭穿假面具是如此多幽默的组成要素。[顺便提一下，不能被压缩的短程序的类比可能是一条经典的、不能被改进的警句。生成卷曲的芒德布罗（Benoit B. Mandelbrot）[57] 分形的简单等式曾被称为是自古以来最富有机智的注记，这是完全恰当的。寻找这样完美的玲珑宝石，对于幽默的研究者们来说，可能是个不错的策略。]

节俭或简洁的考虑也使我们想起智商测验问题和门萨协会（Mensa Society）[58] 的问题清单。在那些问题中，它给我们一个序列中的前面三四个元素，并问几个备选项中的哪一个是该序列中的继续。由于任何有限序列都可以用任意的方式接续下去，每个备选项都是答案。（例如序列 2，4，6，…的第四项可能并不是 8，而是 38，因为该序列的第 N 项可能是 $[2N+5 (N-1)(N-2)(N-3)]$。）所要求的是那项备选为可能最简洁描述的延续。因为并没有明确究竟用什么来构成描述它的合适的语言，所以这个问题并不总是会有一清二楚的答案。

我对幽默研究者们的第三个建议是，对进化心理学的进展给予更多的关注。例如，最近的工作已经指出，我们在三个领域有特别敏锐的直觉：社会违规、配偶选择和食物。这个事实应该与计算幽默的研究有一些关系。（附带可说的是，我们应该知道，"计算幽默研究"的

130

想法本身将使一些人因幽默而打动，而使另一些人因威胁而打动。)

1. 考虑社会违规。心理学家彼得·沃森（Peter Wason）已经证明，许多人对下述任务做得不很好：有四张一面有数、另一面有字的卡片放在被测试人面前的一张桌子上。被测试者要解决的问题是，为肯定"如果一张卡片一面有 D，那么它的另一面就有 3"这个陈述，他必须把那张卡片翻过来。他面前的卡片是 D、F、3、2。大多数人会把卡片 D 和 3 翻过来，而不是翻转卡片 D 和 2。

现在我们把这一任务和一个酒吧门卫的任务作一下比较。这位门卫的职责是驱逐未成年饮酒者。让他面对四个人：一个喝啤酒的、一个喝可乐的、一个 28 岁的和一个 16 岁的。哪两个他该进一步询问？在这种情形下很明显，喝啤酒的和那个 16 岁的是必须要询问的。在这种情形下的笑话（比如，门卫是个白痴，他去盘问 28 岁的那个人）当然比在卡片游戏中的更容易被理解。

2. 关于配偶选择又是如何？有人去一位几何学家那里，问满足欧几里得（Euclid）前四条公理的曲面是什么？当几何学家给了他一个马鞍形的曲面时，他很惊讶，因为它满足前四个公理，却不满足声名狼藉的平行公设。这种满足欧几里得的前四条公理的非欧几何的存在性，一度令人惊奇，可以被看作一种数学笑话。

这是一个甚至连伊曼纽尔·康德都没有看到的笑话，但把它与一个计算机婚姻介绍服务的一位申请者的情形相比就非常明显。该申请者要求找一个矮个、好社交、爱礼服、又热衷冬季运动的对象。当计算机给他提供的名字是企鹅时，他当然很惊讶。同样，在这种上下文下的笑话要比其他具有同样形式结构的笑话更容易领会。

3. 现在轮到食物了。回顾罗素把大卫·休谟关于科学归纳的标准合理性就是归纳本身的见解看作"哲学丑闻"。我们期望未来以一定的方式能像过去一样，是因为过去的未来曾以这种特殊的方式像过去的过去。把这与一个妇女更考虑营养的情况作对比。这位妇女去医生那里求助，因为她的丈夫总认为自己是只鸡。医生问她他这样认为有多久，这位妇女回答说从她能回忆起的时候起就已开始。"但是你为什么不早一些来找我？"医生问道。这位妇女回答，她本应早些的，但她需要鸡蛋（就像我们接受一些归纳法，不是因为它有令人信服的理性，而是因为我们需要它）。

一个从莱奥·罗斯滕（Leo Rosten）的《意第绪语的快乐》（*The Joys of Yiddish*）中得来的笑话接近于把食物、配偶选择和社会违规组合起来。一个年轻人问一位犹太法师，怎样和年轻女子交谈。犹太法师回答说，最好的话题是食物、家庭和哲学。这个年轻人于是打电话给一个年轻女子，并且一上来就问，"你喜欢吃面条吗？"不，她说。他跟着问，"你有兄弟吗？"没有，她说。然后他问，"如果你有一个兄弟，他会喜欢吃面条吗？"

再举另一个支持我的论点（即任何对幽默的考虑也会是对认知的考虑）的例子：在史蒂文·杰·古尔德（Stephen Jay Gould）的书《满贯[59]》（*Full House*）中，他提及了由于只关注一个分布的平均情形或极端情形而导致的误解。重复次数足够多就会产生移动的错觉、降低或增长的错觉，而把统计分布看作一个整体这是不会造成的。例如，考察他对于棒球比赛中 0.400 击球手[60]消失的解释。他令人信服地论证了，这种击球手在最近几十年内的消失，并不是因为棒球水平的下降，而是由于最差的和最好的球员之间（无论是击球手还是投手）差距的减小。当所有的球员都像今天的一样有运动天分，并经受了良好训练时，击球率的分布表现出比过去较小的波动性，因此 0.400 的击球率平均就变得罕见（所有击球率的平均值在这几十年中相对地保持常数，有时虽然也有点有规则的抖动）。

这最后一点是一个有点抽象的观点，不过早先提到的一个玩笑统计依赖于同样的理解，并且领会起来要容易得多。这个统计量就是佛罗里达州迈阿密市生为西班牙人死为犹太人的平均居民数。在这里，暗示骗人的移动（在这一情形中是转换）更容易遭到反对，但思想内容是一样的。

　　我的第四个也是最后一个建议，是考虑幽默的突变理论的表示。突变理论是法国数学家勒内·托姆（René Thom）[61] 在 1975 年发现的一种有趣的拓扑理论，它关注不连续性（诸如跳跃、切换、翻转等等）的几何描述和分类。正如我在《数学和幽默》中所显示的那样，突变理论提供了关于（某些）笑话结构的一种数学比喻。

133

　　这一理论有用的理由是不难发现的。贯穿幽默逻辑始终的是这样一种观念：一个陡然的解释切换或翻转，使得人们对某些情况、陈述或人以一种不同的、不协调的方式突然领悟。解释切换可能伴随克服轻微的恐惧；正如人们意识到看起来吓人的东西可能并不是那样，或者转换可能来自解开一个谜时那样。有时一种情绪的缓解伴随着这种切换，特别是在制作一个侵犯意识的或性意识的令人不快的妙语或为之发笑时。解释翻转可能标志着一种情况的别出心裁的表达。在其他时候，达到自我满足是这种翻转的伴随物，就像因为其他人（轻微）倒霉而得到霍布斯式的"意外荣耀"。在所有这些情形下，一个突然的解释切换带来一次感情能量的宣泄，这种宣泄往往采取笑的形式，但有时或许是叹息。

　　托姆的首要结果是他的分类定理，它描述，当某些量不连续、满足一定的轻微约束、且依赖四个因子以下时，可能发生什么。定理指出的七种几何图形穷尽了所有的可能，但实际应用却有限，因为它们是定性的，很难定量化。这些图形一眼看上去，似乎是几个曲面以种种方式重叠、交错在一起。尽管如此，在一种宽松的意义下，它们为我们给出了某些笑话的形状。例如，一个简单笑话的前言的不同可能含义，可以沿 x 轴和 y 轴加以度量，由听众给出的解释可以沿 z 轴加以度量（或者，z 轴可以取做对神经刺激的度量）。解释切换发生在玩笑的妙语线上，当时解释路径从几何图形的上表面"掉"到下表面。一

个简单玩笑的含混设置常常占据一个尖形区域，它允许发展两种可能
134 的解释。如果玩笑讲得不正确（例如，如果它所涉及的元素乱了套），
那么从表面解释到隐含解释的切换就不会发生，于是玩笑就"摔扁"
了。这句俗语是能够被给予数学含义的几个比喻之一。喜剧定格和
"落在边缘上"的结局也揭开了它们的面纱。[62]

突变理论的尖形图式也反映了大多数交流的非交换性。科学的外延逻
辑是交换的；陈述被提出的顺序不影响它们的真实程度。但在日常的内涵逻辑中就不是这样。在那里，"第一印象"常常改变听者的思想集。例如，在序列*摩天大楼、教堂、寺庙、祈祷者*中，单词*祈祷者*看起来最不像是同类的，而在序列*祈祷者、寺庙、教堂、摩天大楼*中，单词*摩天大楼*是最不像同类的。

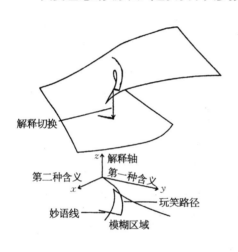

135 这些表示，可以提供一个幽默的定性考虑、定量考虑与其他心理
现象之间的一个重要的联结，有助于消除在目的论解释和因果论解释
之间，以及在内涵解释（涉及行为者的意图和理由——我打他是因为
他侮辱我妻子……）与机械解释（只涉及原因，不涉及理由——经过
一串复杂的电化学信号的序列以后，右上方的附加器划出一条弧形，
并且……）之间的差距。在心理学解释、某些治疗、内涵逻辑中的初
期训练中，定性的改变和定量的改变之间的联系是潜在的、但至关紧
要。例如，弗洛伊德在他的《方案》（*Project*）中就试图处理它。这种
考虑的一个典型的弗洛伊德式的例子是对自我的外部压力的渐进增长，
将导致一种新的防卫的相当突然的出现，即所谓症状形成。

由突变理论产生的表示，已经被公正地批评为不是谬误但让人摸

不着头脑的学说。（正如这样的评价也能相当自然地加在弗洛伊德心理学上！）尽管如此，我确实认为，它们及其变种和修正版值得进一步的研究。任何这样的理论——开始可能是瘸腿的、并且有点愚蠢，但是思维和玩笑的几何表示的观念太使人爱不释手了。

　　我在这里结束我对荒诞幽默的小小调查。每当我们的自负和现实之间的差距甚至对我们中最漫不经心、视而不见的人都感到明显的时候，这种荒诞幽默就会出现。如果最终计算机具有足够的智力、复杂性和经验来发展幽默感，它们同样会遭受（或许可能是偏爱）这种荒唐感。但是，既然识别和生成幽默或多或少等价于思考和交流，在我们看到一台滑稽电脑（"硅"笑星）以前，这将需要长时间的等待。而我们想看到它在面对自己即将来临的系统崩溃，比如说版本为 732.116. jgd.iv 的软件由于测试而导致的系统崩溃，为之来一段充满悔恨的解嘲，这甚至要更长久的等待。

136

译者注：

1. 帕克（1893—1967），美国作家。
2. 指鲁丁的《实分析与复分析》，该书有中译本。
3. 毕达哥拉斯学派，以毕达哥拉斯（Pythagoras）为首的公元前 6 世纪的古希腊哲学和数学学派。
4. 牛顿（1643—1727），英国数学家和物理学家。
5. 欧拉（1707—1783），瑞士数学家。
6. 伽罗瓦（1811—1832），法国数学家。
7. 柯西（1789—1857），法国数学家。
8. 康托尔（1845—1918），德国数学家。
9. 皮尔逊（1859—1936），英国数学家、统计学家和科学哲学家。
10. 哥德尔（1906—1978），美籍奥地利数理逻辑学家。
11. 怀尔斯（1953—　），英国数学家。1993 年宣布解决了 350 多年未解决的费马大定理。两年后，经过对一个疏漏的更正，最后被确认。
12. Health Maintenance Organization 的缩写，意为"保健组织"，这是一种医疗

保险组织。入会者每月缴纳一定的费用，而享用各种医疗服务。

13. 普朗克常数 h 大致等于 6.626 1·10^{-34} 焦·秒。普朗克（1858—1947）是德国物理学家，量子论的创始人。

14. 菲尔莫尔（1800—1874），美国第十三任总统。

15. 这里是美国的连环画、电影、电视《超人》中的故事。

16. 这里是希腊神话中的故事。

17. 亚里士多德（前 384—前 322），古希腊哲学家。

18. 维特根斯坦（1889—1951），英籍奥地利哲学家。

19. 丘奇（1903—1995），美国数理逻辑学家。

20. 霍布斯（1588—1679），英国哲学家。

21. 从中文译文中也可看出，中文也常常是不精确的。

22. 特蕾莎修女（1910—1997），罗马天主教修女。出生在马其顿的阿尔巴尼亚族家庭。长期在印度从事慈善事业。1979 年获得诺贝尔和平奖。

23. 马克斯（1895—1977），原名 Julius，美国喜剧演员。他是著名的马克斯兄弟中的老三。其他三人是 Chico Marx（Leonard，1891—1961），Harpo Marx（Arthur，1893—1964）和 Zeppo Marx（Herbert，1901—1979）。

24. 彼得·潘是苏格兰小说家和剧作家巴利（Sir James Matthew Barrie，1860—1937）的小说和戏剧中的人物。

25. 图灵（1912—1954），英国数学家、计算机科学家。

26. 这里"基于硅"的指计算机；"基于碳"的指人。

27. 弗洛伊德（1856—1939），奥地利生理学家和神经学家，精神分析的创始人。

28. 罗杰斯（1879—1935），美国幽默演员和作家。

29. 摩尔根（1900—1941），美国伤感歌曲歌手。

30. 斯帕恩（1921—2003），美国著名棒球投球手。

31. 原文为 "What's black and white and re(a)d all over？" 其中 "红（red）" 是双关语，即它也可理解为 "读（read）"。因此，它也有 "浑身黑白可读的是什么？" 之意。标准答案是报纸。

32. 理查逊（1689—1761），英国小说家。

33. 法国作家福楼拜（Gustave Flauber，1821—1880）的小说。

34. 莱特曼（1947—　），美国电视主持人。

35. 比维斯和巴特黑德，美国当红 MTV 流行歌手。

36. 头韵，即第一个音节押韵的诗句。例如，Round the rocks runs the river（江水围绕着岩石奔流），其中第一个音节都有 r。

37. 波义耳（1627—1691），爱尔兰物理学家和化学家。

38. 康德（1727—1804），德国哲学家。

39. 奎因（1908—2000），美国逻辑学家。

40. 翡翠悖论的原文是 grue-bleen paradox，grue-bleen 是"绿色（green）"和"蓝色（blue）"两个词的重新组合。grue 是"由绿变蓝"，bleen 是"由蓝变绿"。一物体有 grue 性质是指它在某时刻以前是绿的、在某时刻以后是蓝的。bleen 性质则相反。但是为验证这种性质是否成立，在逻辑上会引起悖论。

41. 乌鸦悖论是 1965 年由美籍德国哲学家亨佩尔（Carl Gustave Hempel，1905—1997）提出的。他指出，逻辑上"天下乌鸦一般黑"可用"不是黑色的就不是乌鸦"来验证。但是这样就会与一些与"天下乌鸦一般黑"毫不相干的命题纠缠在一起。例如，"蓝色的外衣不是乌鸦"等等。

42. 原文是 arresting，有"逮捕人""吸引人"的双关意义。以下格鲁乔的俏皮话都利用了双关语、谐音等。很难用中文表达。

43. 原文为 sillygisms，它是 silly（愚蠢）和 gismo（新玩意）拼起来的一个词，ism 又是"主义"的后缀，s 又使它复数化。

44. 原文是 schminduction，它是 schmo（笨人）和 induction（归纳）拼起来的一个词。

45. 原文是 Lordie，这里把"阁下（Lord）"昵称化。

46. 原文在这里利用了"一个悖论（a paradox）"与"一对医生（a pairo'docs）"的谐音。

47. 原文这里利用了"集合悖论（set paradox）"与"博士们的性伴侣（sex pairo'docs）"之间的谐音。

48. 这就是著名的"罗素悖论"。

49. Bertie，罗素的名字"伯特兰（Bertrand）"的昵称。

50. 原文为 logic barrier，意为"逻辑障碍"。但是它与 loge barrier（舞台屏障）谐音。因此，格鲁乔就说他总做这种事。

51. 原文为："W. C. Fields's recommendation of clubs for children falls out easily"，其中 W. C. Fields 也可理解为"厕所范围"。

52. 原文为："time wounds all heels"，这里 heels 原来似应该是 feels，从而原意应该是一句警句"时间伤害了所有感受"，而把 feels 改为 heels 就成了玩笑话。

53. 这两句谚语的主语应该互换。而"rolling stone"就是著名的"滚石摇滚乐队"，这样一换就成了嘲笑滚石乐队的谚语。

54. 乔姆斯基（1928—　　），美国语言学家。

55. 蔡廷（1947—　　），美国计算机科学家。算法信息论的创始人。目前在 IBM 的研究中心工作。

56. 奥卡姆剃刀是中世纪英国哲学家、神学家奥卡姆（William of Occam, or Ockham，1285—1349）提出的一条逻辑原理。有时被称为过度节俭原理。它认为人们在阐述任何事物时，不应该作任何多余的假定。

57. 芒德布罗（1924—2010），波兰出生的法国数学家，分形几何理论的创始人。

58. 门萨协会，1946 年成立于英国伦敦的一个有关智力天赋的组织，它目前在全世界一百多个国家中有十几万会员。参加者的唯一条件是标准智商测验中名列前百分之一二。

59. 原文指扑克牌中三张一样与两张一样的一手牌。

60. 0.400 击球手是指该击球手的击球率为 0.4，这在棒球赛事中是极为出色的表现。

61. 托姆（1923—2002），法国数学家，1958 年菲尔兹奖获得者。

62. 以上是作者试图用突变理论来对几句西方有关玩笑的俗语作出解释。这里的论述似有可能与中国相声中的"包袱理论"相联系。

第四章

含义与信息之间

当然，全部努力是为把自己置身于通常所谓的统计范畴之外。

——史蒂文·斯彭德

（Stephen Spender）[1]

信息论中的基本概念，不能跨越契诃夫（Anton Pavlovich Chekhov）[2] 的短篇小说与 0—1 序列之间深不可测的鸿沟，但是能使这条鸿沟清楚一点。信息论作为概率论与计算机科学的合金，对故事、统计和自身之间骨肉相连的关系，通过提供一种 X 射线式的骨架透视，而说明它们间的少许联络。

正是通过 0—1 序列自然地（或许不自然地）对任意长度的文章进行编码，来说明何处是骨，何处是肉。例如，一部典型的契诃夫短篇小说，大概包含 25 000 个左右符号：大写字母、小写字母、数字、空格和标点符号。这里的每一种符号都可以用一个长度为 8 位的 0—1 序列来表示（P 的编码为 01010000，V 为 01010110，b 为 01100010，"为 00100010，t 为 01110100，& 为 00100110，等等）。这样，如果我

们把所有这些编码序列，简单地连接起来，我们就形成一个大约包含
200 000 个符号的 0—1 序列，用来表示故事。

如果我们有天大的雄心，把国会图书馆的所有书籍，按照作者和
出版时间的字典顺序进行编码，然后把它们的序列全部连接起来，这
就形成一个浩浩荡荡的 0—1 序列，它表示了国会图书馆中的所有信
息。由于任何 0—1 序列都可以看作一个二进制数，因此，国会图书馆
中的所有信息，就被这个二进制数所编码。

信息论在关于小说的信息容量、大脑的有限复杂性、对于模式上
看并非太难的智慧以及为了自由的秩序的奇特概念等方面，提供了可
观的有用见解。然而，在讨论这些之前，我建议读者牢记下面说到的
信息（的非形式意义）与其自身（的我们的概念）的关系。

一种初步的、间接的处理信息及其自身关系的方法是，通过假
性记忆综合征。近来新闻报道了多起临床医生（和其他人）轻松地
把假性记忆植入易受暗示影响的人。在一定程度上，我们全都是易
受暗示影响的人。我寻思，电影、杂志和电视，可以对我们做好心
的临床医生有时对其病人所做的事。一次又一次地把那么多如此生
动、如此难忘的场景表现出来，我们会把其中的某些当作我们自己
的经历。

属于个人的、综合在一起的记忆，正在被既不属于任何人、又属
于每个人的信息碎片所替代。人类最重要的发明之一，是个人自我的
观念，个人拥有自己的记忆和故事。如果个人的记忆在很大程度上被
缺乏自我定位的个人自由浮动的、经常是充斥名人的记忆碎片所替代，
那么，某些珍贵的东西——我们的个人自我和个人故事就会减少；而
某些价值可疑的东西——我们共同的电视和电影媒体自身及其故事就
会被强化。

当然，在这一全球网络化的巨型都市时代里，整个自我的概念可
能过时了。在这既整合又破碎的时代里，自我是什么？史蒂文·莱特

（Steven Wright）准备写一部未经授权的自传的计划，不就是个有趣象征？许多理论家，如计算机科学家马文·明斯基（Marvin Minsky）、哲学家丹尼尔·丹尼特（Daniel Dennett）和认知心理学家史蒂文·平克（Steven Pinker），都或多或少令人信服地论证，自我"只不过"是一些小的、半独立过程的聚合或汇集，它们通过某种奇怪的、人们了解甚少的审议，盲目碰撞、互相论争而合成一个具有特质的整体。自我就是美国国会参议院、国会、议会和克内绥特（Knesset，以色列议会）！我们就是我们接受的法律。我们就是我们听到的故事。我们就是我们处理的信息。

我可能不记得现在我写到哪儿了，但是我想起我曾经与麦当娜（Louise Veronica Ciccone Madonna）[3]坐在布宜诺斯艾利斯的豪华包厢里，而她正在那里秘密指挥联邦调查局在得克萨斯州瓦科（Waco）城的行动。

139

信息：演讲者的见解，小姑娘的焦躁不安

信息究竟是什么？退一步说，信息较多意味着什么？无意中听来的某个酒店老板（我们姑且称之为克里夫）带有几分醉意的独白和电视屏幕上随机产生的一幅画面相比，谁包含的信息更多？假定克里夫的词汇量为 20 000 个单词，并且吐出了 1 000 个单词。又假定电视屏幕的分辨率为 400 行像素和 600 列像素，每一个像素的亮度又分为 16 个等级。这样，又可问 1 000 个单词和电视屏幕的单幅画面相比，谁有更多的信息容量？

根据信息容量的通常定义［这一定义属于克劳德·香农（Claude Elwood Shannon）[4]，恰如其分地说，他是 20 世纪 40 年代贝尔实验室的一位通信工程师］，克里夫的独白最多包含 14 288 比特信息（如果他是随机地吐出这些词），而一幅电视画面包含的信息多达 960 000 比

特。我将省略信息容量的概率定义，而仅仅指出它依赖于系统（在这一情形中，是指克里夫的说话或电视图像）可能有的状态量和这些状态发生的概率。如果一条简单的消息可能有"是"或"否"两种状态，每一状态发生的概率是 1/2，那么这条消息的信息容量是 1 比特。更一般地说，一条消息的信息容量，是为了确定该消息是什么，需要回答"是否"问题的数目。

前不久，当我坐在听众席上听一位著名的经济学家的公开报告时，140 我想到了类似的例子和计算。演讲者正在很有启发地指出一句惯用的经济学名言的谬误之处，此时坐在我前面、跟着双亲来听演讲的小姑娘，一边不经意地用食指玩弄一绺头发，一边用一本书做幌子打发时间，还不时悠闲地四处张望。小姑娘断断续续的行动中，包含的信息容量远比演讲者的报告要多，使我都没有跟上演讲者的论点。

可是人们会想不通，小姑娘焦躁不安的无意识忙碌、电视屏幕的一幅画面，或者一本书上列出的一系列随机数的清单，所包含的信息容量竟然大大多于演讲者的论述、克里夫的醉后独白和契诃夫的小说《带狗的女人》（*The Lady With the Dog*）。人们的直觉与信息内容的数学之间存在缺口，有两个来源。

第一，信息的不同数学定义还在不断增加，从作为不确定性或诧异度量的香农的信息容量概念一直到格雷戈里·蔡廷把复杂性作为信息的定义；后者我们将在后面进一步讨论。这些定义在不同的上下文中，都是有用和合适的（在某种定义下，小姑娘的焦躁不安确实比经济学家的演讲有更多的信息容量）。

第二，许多更基本的问题来自不同的领域中我们所取的基本单位的不同。在文章中，基本单位是比特、程序步骤、时间或距离的微小141 单位，而在日常生活中，采用的单位则是基本的行动、场景的要素和故事的基本情节。与后者的高阶单位不同，无论是电视屏幕上灰度像素的任意排列、小姑娘无意识姿态的细节，还是电话号码簿上或多或少是随机的数字序列，对我们来说以及对它们本身来说，都没有多大意义。没有在某种可认知的人文环境中的自然根基，对我们来说，它们的意义还不如乔治·卡林（George Carlin）假想的实况转播中提到的数字："哥儿们，现在阻击。时间到了，我应该赶快回顾比赛结果：4比2，6比3，真火爆，15比3，8比5，7比4，9比5，6比2，最后一节真正扣人心弦，2比1。而这刚好是一个部分得分：6。"

我们能把叙述单位——行动、场景、简单故事和情节——当作信息理论的某种高阶模拟中的"原子"来用吗？虽然叙述单位与比特和数字相比更富有含义，但是它们还需要上下文和对我们有意义的关系。尽管不是没有问题，但也并不是不可能。诸如 Pascal 或 C++ 之类的计算机语言与 0—1 构成的机器代码语言之间的关系，就有点像这种关系。正如这些高级语言包含用于普通类型算术运算的项，"故事语言"会有诸如移动、打击、占领、进来、出去等等基本行动作为项。

文学理论家马克·特纳（Mark Turner）在《文学的思维》（*The Literary Mind*）中，讨论了这些基本行动和情节要素中的某一些。他指出，它们与更复杂的情节之间寓言般的联系，不仅对文学成就，而且对日常思维和意义的产生，都是本质的。特纳论述道，我们的理解是由我们把原子故事和混合故事对新情况的投影所导出的，非常像诸如用谚语"猫走了就是老鼠的天下"来形容比如一个有代课教师的课堂那样获得含义。也许当内涵逻辑是更好的理解时，在具体的上下文中，信息论概念在理解和分析小说、统计以及思想方面同样富有成效。

142

*　*　*

即使我们承认，在把故事形式化和识别高阶原子单位方面存在极为广阔的空间，我们也应该承认，更多的形式化将依赖于我们对所叙述的事件全体进行解码时所采用的自然的试探方式。同样的方式有许多，如概率和统计概念是从早先孕育的日常谈话观念中提炼出来的，或者标准数理逻辑是从非形式的论证和会话中成长起来的，其中首先是直觉的闪光，然后是把生成的观念细化，最后，是一个含有一清二楚的规则和范畴的形式系统。

计算机科学家戴维·格勒恩特（David Gelernter）曾经写道，研究犹太法典中各种层次的、差别细微和被交叉引用的故事、寓言、谜语和注释，与任何作为严格科学推理和数学推理的准备一样，是一项很好的训练。观察可从两方面加以推广。我认为，对任何内容足够丰富的正文进行足够仔细的彻底钻研，看来情况也会一样。尤其是，对这种正文的研究不仅对于科学推理和数学推理，并且对于构建一种讲故事的更形式的信息论说明，也是很好的准备。

也许有人会说，我们应该放弃这些无穷无尽的解释性研究，只要继续发展辉煌的形式工具（逻辑的、统计的、信息的，等等）就行。但是，我重申，无论它们的结果是什么，理解故事的清晰明朗的信息处理方面将取决于阴沉的解释工具。我们不能简单地编造一个任意的故事形式理论，并随意地应用它。出于类似的原因，对一个统计软件包来说，如果某些人对软件包用来计算的各种统计指标尚没有感觉，或对有关变量、样本总体或者社会解释没有头绪，那么在他们手中这种使用是危险的。请注意，这里的术语感觉、有关和社会解释是非形式的内涵术语。

我最近在校园的计算机实验室外碰到一个我从前的学生。他曾经在我讲授的一门概率论课程上勉强获得 D+ 的成绩，而他在朋友面前却就他正在分析的数据发表一些满口技术术语的荒谬见解，其中他将一些概念不可救药地混淆在一起，但表面上却头头是道。对信息论的狭窄而误导的解释，也可看出类似的危险。

（所有种类的）含义与信息之间的缺口，可通过把后者设想为前者的升华（这种升华即是文本的拓展所需的水土）得到某种弥补。在构造一个能够将故事信息内容粗糙地、合理地量化的有用的形式系统以前，我们必须彻底理解情况或情况的类型。我们希望避免使用"看到撕了一张纸"，或者更糟的"在衬衫上缝一个扣子"那样的一句闲话的概念等价物。

在任何情形下，信息的无穷尽的源泉是外在的无处不在的世界。通过把各个部分巧妙地还原为运算和系统，我们就征服了越来越大的地带。另外，甚至我们进行了彻底的还原，我们也只能给天国花园中我们修剪过的灌木丛带来秩序。我们的认知之家像我们的物质之家一样，非同寻常地舒适和整洁。

当我们试图对付我们门外的某些杂乱无章时，它不仅是科学的任务，也是文学艺术的任务；甚至还可看作现代主义的成就。* 修拉（Georges Pierre Seurat）[6] 的点彩主义，舍恩伯格（Arnold Schöenberg）[7] 的无音调主义，康定斯基（Wassily Kandinsky）[8] 的抽象画，乔伊斯的意识流，恰好就是我们的精神居所这种扩张的几个例子，使得我们的周围更加如同门外那样杂乱无章。虽然它们来得稍有点晚，香农的比特信息也是如此。

145

密码学和叙述

信息论暗示着编码学与密码学是紧密相关的领域，而对后者感兴趣的作者多得令人吃惊。埃德加·爱伦·坡（Edgar Allan Poe）[9] 把他的某些新闻工作贡献给破译密码，它们在《金虫》（*The Gold Bug*）和

---

* 有趣的是把现代主义美学的包容性与较狭隘的经典处方相对比，特别是与亚里士多德在《诗学》（*Poetics*）中提出的关于情节的著名观念相对比；亚里士多德指出，如果一段情节被完美构思，那么对一个小事件的任何转移、离题、替代或忽略，都将破坏作品的一致性。这些在故事中是没有地位的。类似的亚里士多德主义的主张，也可以对其他艺术提出。我们对信息的外在的和表面的比特的承受力，正随着现代主义［例如，电子"旋律"或凯奇（John Milton Cage. Jr.）[5] 式的"旋律"］在增长，但是我们对于大多数故事，以及其他通常的有内涵的文章，还是健康地保持对替代和离题的不可容忍。——原注

其他故事中起着关键作用。儒勒·凡尔纳（Jules Verne）[10]、威廉·梅克皮斯·萨克雷（William Makepeace Thackeray）[11]和阿瑟·柯南道尔爵士（Sir Arthur Conan Doyle）[12]，也在他们的好几部小说中写过编码；许多现代作家也是如此，其中包括理查德·鲍威尔斯（Richard Powers）在《戈德贝格变奏曲》（*The Goldbug Variations*）中的描述。由于编码如同巧合和魔术把戏，它会同时激起我们理性分析的本性以及恐惧神秘的感觉，前面提到的许多关于大多数巧合的无意义观察，当然也适用于编码。例如，令人惊奇的是，我注意到，（爱伦）坡与我共享同样的中间名字（字母拼写上有所不同），他与我的第一个名字也有联系，因为他曾经被某个约翰·爱伦（John Allan）所收养，他的姓与我的姓都以 P 开始，他曾经生活在费城，而我还继续生活在费城，于是我可对这些巧合赋以任何意义。

　　然而，我在这里对密码学的关注是相当不同的；如果我们把密码学看作某种类似于文学批评的东西，结果会怎样呢？也就是说，假定加密一条消息对应于写一个没有明确含义的故事，而解密一条消息对应于揭开故事的秘密。（我并不是说，两类工作之一可以还原为另一类工作。）

　　最简单的和最容易破译的编码是所谓线性替代，其中每个字母被替代为另一个字母，比如说字母表上它后面的第 9 个字母。例如，对于 E，F 和 G，我们就把它们分别替代为 N，O 和 P。对于接近字母表最后的一些字母，我们就"绕回"到开始的一些字母，例如，用 B，C 和 D 来替代 U，V 和 W。考虑到故事的高阶抽象，其信息单位的不可缩减的模糊性及其还在发展的逻辑，线性替代编码最接近的类似物，是相当一部分长篇史诗小说，其中人物、地点、时间，或许还有很刻板的寓言和隐喻，都只要简单的替代。

　　破译困难的另一个极端是所谓一次性填补，其中一条 N 个字母长的消息也是用字母替代来编码，但是每个字母是被它后面的 1 到 26

个字母中随机选取的一个字母所替代。这样，密码本身也是 *N* 个字母长。例如，假定消息是 46 个字母长的 "Either forget that damn lawsuit or it is over between us（或者忘记那该死的诉讼，或者和解）"，而密钥是 1 到 26 之间的 46 个随机数，如 2，3，8，19，1，23，5，…，它指示对未加密的消息中的每个字母向前跳过的字母个数。那么加密后的消息会是 "Glbafo k..."，因为 G 是 E 加 2，1 是 i 加 3，b 是 t 加 8，a 是 h 加 19，如此等等。如果我们对于字母间的间隔指派一个符号，那么不管消息有多长，一次性填补是真正的不可破译的编码。仅有的缺陷是编码必须与被加密的消息一样长，并且密钥必须用某种方式通知解密者。

同样，故事模拟要考虑故事的抽象性、朦胧的参照物和备选的叙述逻辑。尽管如此，这种一次性填补的加密方法本质上不是一种加密，因为任何两条有同样字母数的消息可以互相看作"加密"，就像任何两个具有同样数目叙述因素的故事，可以互相看成对方的加密。只有疯狂的阴谋理论家才可能在糖尿病治疗新进展中读出故事来，宣称这其实是关于破坏"雅利安人手足情谊"的"三方使命"的故事。

在不可破译而不实用的一次性填补和容易破译而偶尔有用的线性替代之间，是更现代的编码，它们依赖于所谓活门功能：一个方向容易转动，而另一个方向不能。两个很长的素数相乘是一个例子，因为给定两个数，求它们的乘积是容易的，而给定它们的乘积来求两个数就很困难。验证任何被假定的因子分解是否真是某个乘积的因子分解也是容易的。素数乘积已被银行、商务和军事用来加密资料，而破译资料就需要素数因子。类似于这样的编码破译更像是好的文学批评或者传记寻踪〔正如纳博科夫（Vladimir Vladimirovich Nabokov）[13] 在《蒲宁》（*Pnin*）中所做的那样，其中影射、变换和夸大了作者生活的一部分〕。就像去对一个乘积作因子分解，有洞察力的文艺批评是很难写的，但是就像验证所提出的因子分解那样，识别这种文艺批评是相当容易的。

148　　我寻思，一篇叙述越是浑然一体，越是充分展开，就越是难以破译（要求被处理的"素数"非常多）。故事不允许直接替代，或者割裂上下文和孤立地看待各个部分，使其容易译码；同样的词句随着故事的展开，可能意味着不同的事物。例如，把约翰·厄普代克（John Hoyer Updike）[14]和汤姆·克兰西（Tom Clancy Tomas Leo）[15]的小说忽略了几句，一般就需要更多的猜测来弥补前面的忽略。

　　在数字译码与文学注释之间的最后一个类似，也可以用猜测和问题的形式来表达。在"二十个问题"游戏中，一个游戏者在一到一百万之间选取一个数，而另一个试图通过逐次问"这个数大于 N 吗"之类的"是-不是"形式的问题，来确定这个数是什么。二十个问题总是足以把结果问清，因为 2^{20} 比一百万稍大一些。更完全地说，一个问题就足以使数的可能性减少到 500 000，两个问题减少到 250 000，如此等等，直到二十个问题使可能性变为单个的数。

　　到现在为止，就那么容易。然而，如果选取数的游戏者被容许一次、两次甚至更多次地撒谎，情况会怎样呢？即使猜测者采取一种正确的策略（它远不是那么显而易见），为确定所选取的数，猜测者所需要的问题个数也会迅速增加，算出这个数是多少就不是一个简单的问题。如果允许问题和谎话更加复杂，情况也就会更加复杂。对于小说家（数的选择者与加密者的类似）来说，这一数学精品可能有的精神上的启发在于，他们应该尽可能少雇用不可靠的讲述者。

149　除非原本就想把故事写得晦涩、模棱两可，或者是"魔幻现实主义"的场合，故事主角、讲述者的少量"谎言"，通常对于要在读者（数的猜测者和破密者）思想上形成的一系列令人愉快的悬念和不确定性已经足够。

　　还有，正如我们将看到的，甚至当所有讲述者都是完全可靠的，人们也必须防止刻意对故事解码或者发现其中的隐藏含义。

奥卡姆剃刀和二比特故事

你将如何对一个熟人描述下列他未能看到的序列？

（1）00100100100100100100010010…

（2）01011011011011010110110110…

（3）10001011011011000100101100…

显然，第一个序列最简单，它只是两个 0 与一个 1 的重复。第二个序列有某种规律性：单个 0 后面交替地有时跟一个 1，有时跟两个 1；而第三个序列最难描述，因为它似乎没有任何模式。可以观察到，[…] 的确切含义在第一个序列中是清楚的；在第二个序列中就不大清楚，而在第三个序列中就摸不着边。撇开这点不谈，假定这些序列的每一个都有 10 亿比特（一比特就是一个 0 或 1）长，并且"以某种方式"继续。

150

深切留意这些例子，我们可以追随俄国数学家、概率名家柯尔莫哥洛夫和计算机科学家、《数学的极限》（*The Limits of Mathematics*）的作者格雷戈里·蔡廷，将一个 0 和 1 序列的复杂性定义为生成（即打印）所述序列的最短程序的长度。（通常用算法信息容量这一短语代替术语复杂性。）

所有这些意味着，打印第一个序列的程序可以简单地由下列短处方来组成：打印两个 0，再打印一个 1，并重复三分之十亿次。这样的程序相当短，特别是与生成的十亿比特序列的长度相比。这一序列的复杂性就很低。

生成第二个序列的程序会是下列语句的翻译：打印一个零，跟着打印单个 1 或者两个 1，有关 1 的模式是一、二、二、二、二、一、二，如此等等。如果这个模式继续下去，任何打印第二个序列的程序，为了完全确定 0 和 1 序列中"如此等等"的确切含义，会变得相当长。

尽管如此，由于 0 和 1 的有规则的交替，这种最短程序还是比它所生成的十亿比特序列要短得多，因而该序列比第一个序列有较高的复杂性，但不是这种长度序列中最复杂的。

第三个序列（至今是最普通的）有所不同。让我们假定这个序列是如此地乱糟糟，在它的整个十亿比特长度中，没有一个我们用来生成它的程序会比该序列本身来得短。在这种情形下，任何程序能够做的就是一言不发地列出序列中的所有比特：打印 1，然后 0，然后 0，然后 0，然后 1，然后 0，然后 1，如此等等。像第三个那样，需要用一个长度与自身一样的程序来生成的序列，称为随机序列，对于它的长度来说，它具有最高的复杂性。（在前面的例子中编码与被加密的消息一样长的一次性填补就是随机序列。）

以某种形式类似于第二个序列是最有意义的，因为就像生活中的事物，它们展示了有序和随机性。它们的复杂性（生成它们的最短程序的长度）小于它们的长度，但并非是小到完全有序，也不是大到变成随机。第一个序列在它的有规律性方面也许可以与钻石或者盐晶体相比较，而第三个序列在它的随机性方面则可与气体分子云或者逐次扔硬币相比较。第二个序列的类似可以是一朵百合花或是一只蟑螂，它们都是在它的各部分同时展示有序和随机性。

* * *

在各种类型的序列与其他实体的这些比较，更甚于某种可以称为不过是比喻的说法（"不过是"大概不是一个用于像"比喻"那样势不可挡的行为的词。）现在我们已经逐渐形成一个共有的信念：任何事物可以归结为信息，一些 0 和 1，比特和字节，而不是原子和分子。阿拉伯数字的引入对于零、音乐记号中的休止符或静止符、中世纪后期绘画中的虚无空间以及莱布尼茨（Gottfried Wilhelm Leibniz）[16] 虚无的形而上学概念，是这种同样的实现的不同例子。

多数现象可以通过某种编码来描述，任何这种编码，不管是氨基酸的分子语言，英语字母表中的字母，还是有待定义的"故事语言"的要素，都可以数字化而归结为 0 和 1 的序列。蛋白质、编码信息和神秘小说，以它们各自的编码来表达，都类似于第二个例子中的序列；不仅在显示有序和冗余方面，在显示复杂性和无序方面也是如此。与此相似的，复杂的旋律是在简单的重复节拍与无形式的静电噪声之间。（甚至生成 0—1 序列的程序本身也可以用 0—1 序列来编码。）

以这样的方式，人们甚至可以孕育整个科学。雷·所罗门诺夫（Ray Solomonoff）、蔡廷和其他一些人，已经将此理论化为：一个科学家的观察可以按照某种协议原型编码为 0—1 序列。于是科学的目标将是发现好理论（短程序）能够预测（生成）这些观察（序列）。每一种出于这样设想的程序将是一种科学理论，并且它越短，相对于它所预测的观察现象来说，就是一种越强有力的理论。这当然是奥卡姆剃刀的重新叙述，意指不必要的实体和复杂度应该去掉。

随机事件不是用简单地列出它们的程序可解释或可预测的，除非是在一种非常匹克威克（Pickwick）[17] 的意义下。注意，当人们去推进不可能再有回旋余地的理论来解释本质上是随机的观察时，情况往往如此。例如，有些人推出一个特大的国际象棋盘，其中的方格随机地涂上红色或黑色，他们编造了一个远远超出简单地列出红黑图式的托勒密（Claudius Ptolemy）[18] 式的解释。他们为解释观察到的一种现象要花费非常艰苦的努力，而他们提出的考虑在本质上与现象本身一样复杂。

同时，如果所涉及的现象不是随机的（大多数有意义的现象不是随机的），那么甚至没有多少理由，不必要地长期精心描述对它的解释和预测。一种记忆术就像一种理论，不应该记它的时间比用它的时间还长。

逻辑节俭原理与文学分析和解构也有某些关系。我乐意承认，比如，在一个短故事中，更吸引我们的远不是它的信息容量或复杂性。

尽管如此，比故事本身长得多的注释，开始与刚才描述的复杂性理论观念发生冲突。这全然不是有什么诀窍来用一个其复杂性比序列本身大得多的程序来生成该序列。因此，有时依附在一个故事上多如牛毛的批判，或者围绕某个事件而产生铺天盖地的评论，肯定更多是在说事件本身，而不是在说评论员或其他事。它也可能是令人麻木的重复。

154　　在最后一章中，我写了一个数列的无限多种延续；如果用来生成延续的规则允许充分长，这样的延续就能生成。例如，简单的序列 2，4，6，…，可能是预报千禧年的到来，因为人们可以强辩说，其中下一个数是 2 000。而用复杂的规则 $[332(N-1)(N-2)(N-3)+2N]$ 给出的序列中的前四个数（即 $N=1,2,3,4$）就是 2，4，6，2 000。给定一种文学中使用的语言，那么，对于长度和复杂性方面的限制同样也可用于文学讨论。一个 25 页的故事的 400 页解释，就长得足以从中引出任何结论。更可能的是，解释的大量篇幅是关于作者的敏感，或者一种把故事与其他作品或发表物相关联的意图，或者仅仅，我重复一下，是重复。

我们的复杂性视野

　　如果把对一个故事的反应扩大到作者的生活，有关的作品和影响，历史的、美学的和政治的问题等细节上，那么，与某个特殊故事有关的作品的数目和长度就很少是不合理的。一个内容丰富的故事总会激起各种评论，就如鲍里斯·帕斯捷尔纳克（Boris Leonidovich Pasternak）[19] 所提出的：“铺垫、整理、事实对于拥抱整个真理从来都是不够的。”尽管如此，应该承认，一个故事的信息容量及其复杂性是有限的，并且激起评论它的源泉和它所带来的新问题存在于故事之外。

155　　帕斯捷尔纳克的评注，以及作品信息容量和复杂性的有限，使人想起哥德尔关于形式数学系统的著名的不完全性第一定理：在任何足够丰富的形式系统中，总是存在既不能证明也不能否定的陈述。蔡廷已经指出，哥德尔定理来自这样的事实：没有一个程序能够生成比它本身具有的复杂性更复杂的序列。（然而，就像由简短的方程生成的蜷曲分形图那样，一个序列可能看起来比生成它的程序复杂得多得多。）正如蔡廷已经注意到的，* 我们不可能用五磅公理（用复杂性较少的程序）去证明十磅定理（生成一个非常复杂的序列），这一限制使任何信息载体，人类的、电子的或者别的什么，都会感到苦恼。

　　科学理论的概念如同生成序列的程序，有许多其他的限制；它相当简单，意在理解已经定义好的、已经固定的科学框架的意义。把这些观念应用于现实科学或者文学中，我们需要分析的等级，其单位不是比特，而是随领域而异的高阶规律性。

156

　　莫雷·盖尔曼（Murray Gell-Mann）[21] 已经在《夸克与美洲豹》（The Quark and the Jaguar）一书和其他地方，建议我们采用有效复杂性的定义，它在含义和信息容量上更好地与我们的直观相符。他指出，我们通常捕获的不是生成某些序列（或观察，或实体）的最短的程序（或理论，或分析），而更多的是生成序列的"规律性"的最短程序。如果有意义的实体是一个故事，而不是一个序列，那么规律性可由贯穿在一起的基本行动、情节元素和内在叙述导出。

　　修正的盖尔曼复杂性定义，导致比特或其他基本要素随机序列（我们记得，它没有规律性）被指派为零有效复杂性（尽管它们具有最大的复杂性）。虽然规律性的概念是有争论的，我发现，出于超数学的原因，它是受欢迎的。随机序列的高度复杂性不仅是反直观的，并且

---

* 与这一观察密切有关的就是所谓贝里悖论[20]，它指示："求需要用比这一句子中的词更多的词来规定的整数中的最小者。"例如，我头上的头发数，鲁比克魔方的状态数，用每一千年的公里数来表示的光速等等都用少于二十个词规定了一些特殊的整数。当我们注意到句子规定一个特殊的整数，而按定义，它包含太少的词来规定它时，悖论就变得明显了。虽然哥德尔定理的蔡廷证明玩弄了贝里悖论，不完全定理本身至少不是一个悖论。这是令人奇怪的，但它是实实在在的和无可争辩的数学。——原注

看来也隐含着乏味的观念：生命的迫切愿望（越来越复杂）不可避免地导致死亡（极大复杂性，或随机性）。

转向有效复杂性也与我们如下的信念发生共鸣：既表现有序性又表现随机性的序列有最高的含义内容，因而有最大的有效复杂性（尽管它们的复杂性为中等）。说到底，例如故事的非形式刻画，作为尽可能提供信息的事物，并非意味着它是词的随机汇集。（为了全面起见，应该指出，低复杂性的序列也具有低的有效复杂性。）

157

* * *

我们大脑和 DNA 的复杂性，把这些观念联结到本书所关注的自我概念。如果我们把 DNA 想象为像某个导致胚胎生成的计算机程序，那么胚胎程序的复杂性的粗糙估计（对此我将忽略）显示，用它来描述人类大脑中的几万亿条联结是远远不够的。这些联结大部分来自特殊的时代和文化的经验，因而我们的大部分特征是由我们的头脑以外的事件所提供的。大脑联线错综复杂的特殊性，比 DNA 导出的程序的结果有多得多的复杂性，后者只能确定大脑的初步结构以及它对环境反应的一般模式。

还可以引出另一个走得更远的结论。无论信息在大脑中如何编码，大脑的复杂性（它的实际知识，联想、推理能力）必定受到限制。一个大致的数（已被建议为 30 万亿）可以给出，但是在这里，这个数的存在比它的值更重要。原因在于，任何在大自然中比人类大脑更复杂的现象，根据定义，对于我们来说，理解起来就太复杂。换句话说，我们不能对比我们的大脑（中被编码的信息）更甚的复杂性作预测（生成二进制序列）。规律性可能存在，它为理解宇宙提供了一把钥匙，但是它可能超出我称之为人类大脑的"复杂性视野"（一个看来会随着时间的流逝越来越通行的概念）。

158

换句话说，可能有一个相对很短的"宇宙秘密"程序，一种包含所有事物复杂性的理论，其长度比如为一百亿比特，而我们却刚好太受限制（即太愚蠢），以致不能理解。虽然传统宗教和科学方法根本不同，但两者都希望有一种万物的理论，而它们或许都有一个朴素的假定：这样的理论可能找到，并且它的复杂性足够有限，使得我们都能理解。为什么要假定这点？

对大脑的这些一般局限性的最初感觉始终困扰着我。当我还是孩子的时候，我就屡屡害怕听说又有了某些伟大的科学新发现或者哲学新见解，并且我会发现自己"缺了七个脑袋的细胞"去理解它们。它刚好超出我个人的复杂性视野。出于这种莫名的恐惧，并且读到酒精会杀死脑细胞时，我决定成为终身禁酒者。随着一年一年的过去，我大脑的理解力和概念上的突破，稍有长进得更为懂事，但是行为依然如故。

［我应该在这里对我们的大脑的受限复杂性附加一句话：还有另外一个理由是，规律性可能超出了我们的能力；这一次约束更多地来自物理，而不是信息论。约翰·霍根（John Horgan）在《科学的终结》（The End of Science）[22] 一书里写道，在现代科学尤其是现代物理学中，许多理论的必然投机性。测试理论所要求的能量无比巨大，而距离和质量又小到不可思议，根本不可能产生实验中可验证的结果。他疾呼，科学成了"讽刺科学"，并且把它与艺术、哲学或者文学批评相比较，除了可能的、有趣的看待世界新方式外，什么也没提供。我们的宇宙是许多宇宙中之一？量子力学的实在含义是什么？根据霍根的观点，这类问题不可能经验地回答，而导致各种各样的想当然的故事和猜想。］

最后，根据复杂性理论，任何可理解的实体比我们的复杂性要少，于是理所当然，这样的实体不是一种合适的神化的实体。人们一般不会把比他们要简单的事物奉若神明。这种不屑崇拜简单（除非可能当作象征）的自然姿态，是与某些人把上帝当作高深莫测、不可理解的复杂体的倾向相容的。把上帝（God）的三个字母和这种思路都颠倒过来，我们注意到，这也与狗（dog）崇拜它的主人是相容的（也就是，假定主人比狗有更大的复杂性）。

如果（拉姆赛）垃圾足够多，那么总是有免费午餐

160　　如果我们把上帝定义为不可理解的复杂体，那么连不可知论者和无神论者都可能承认，他们相信这样的上帝。这种字面上的诀窍有一定的吸引力，一种毫无目的的获得某物（在这一情形下，是上帝）的吸引力。在这个意义下，冠冕堂皇的说法是为了有关自由的秩序的观念。

　　我曾经总是沉浸于这样的概念：五彩缤纷的生活无论多么混乱，总是有某个层次上的某种模式或秩序。由于缺乏秩序或模式，也是一种（高层次的）秩序或模式，断言秩序的不可避免性就成了一句空洞无物的同语反复，但是我认为，这是一句意味非常深长的同语反复。不涉及事物的任何特殊状态的杂乱细节，我们不可能提出任何规律性，某时某地的某种不变性。这种看来是由数学培育起来的先验无私的世界观，是把我引向主题的部分原因。

　　秩序的不可避免性的观念，在文学中不是没有反映。例如，在《爱丽丝梦游奇境记》（*Alice in Wonderland*）中，爱丽丝在背诵诗歌《威廉神父》（*Father William*）的一个令人发笑的、乱加删改的版本以后，她看来直觉地感到，完全乱糟糟的世界，在逻辑上是不可能的。

　　　　"那说得不对。"毛毛虫说。

　　　　"我担心，不十分对，"爱丽丝腼腆地说，"有些词被变动了。"

　　　　"这从头到尾都是错的。"毛毛虫果断地说，于是有几分钟静默。

同样聪明的是旅游作家比科·伊耶（Pico Iyer）对庞贝城的一针见血的评论："一切都乱了，而一切都就绪。"

在物理学中，秩序的不可避免性来自气体运动论。在那里，在某个形式分析水平上的无序假定（气体分子相当随机运动），导致一种高水平上的有序——诸如温度、压强、体积那样的宏观变量之间的关系，这种关系就是气体定律；后一种定律似的关系来自低水平的随机性和少数其他极小假定。更一般的是，任何事件的状态，不管多么无序，可以简单地描述为随机，并且事实上，在一个较高的分析水平上，我们至少有一条有用的"元定律"：存在较低水平的随机性。

除了在统计学中研究过的各种大数定律以外，一个显示这一观念的不同方面的概念，是统计学家佩尔西·迪亚科尼斯（Persi Diaconis）的注记：如果你对一个足够大的总体观察足够久，那么"几乎所有垃圾都会产生"。还有一个尚未被充分领会的、甚至某些社会科学家知道得更好的事实是：如果人们在一个总体中的任何两个随机量中寻求统计相关，那么总能找到某些统计上显著的联系。这里并不涉及这些量是宗教信仰和颈围，还是幽默程度和就业状况（的某种度量），或许还是甜玉米的年消费量和完成学业的年数。尤其是，不管相关的统计显著性（即它有机会发生的可能性）有多大，由于有那么多的混淆不清的变量出现，相关性看来并没有多大实际意义。也不能说，相关必然会使通常有点特殊的故事陪伴它，以解释为什么玉米吃得多的人就会再去上学。似是而非的传说总是可利用的：吃玉米者多半来自中西部的北面，那里退学率较低。

这一思路的更加深刻的文本，可追寻到英国数学家弗兰克·拉姆赛，他证明了这样一条定理：对于充分大的元素集合（人、数或几何点），每一个它的成员的配对，比如，有联系的或者无联系的，总是原来的集合的一个有一种特殊性质的较大的子集。或者子集的所有成员

161

162

将互相有联系，或者它的所有成员互相无联系。在较大的无序集合中，这一子集是有序的不可避免的小岛（在群岛中有许多有意义的小岛）；这就是说，垃圾足够多的话，免费午餐就能保证存在。

问题可以用晚宴上的客人来重新叙述。对于大小为 3 的有序小岛的拉姆赛问题是：为使出席的客人中至少有 3 人互相认识或者至少有 3 人互相陌生，应该邀请的最少客人数是多少（假定，如果玛萨认识乔治，那么乔治也认识玛萨）？答案是 6，这可以通过设想你是宴会上的一个客人来看到这点。由于你认识或不认识其他 5 位的每一位，你将或者至少认识他们中的 3 位，或者至少不认识他们中的 3 位。为什么？假设你认识其中的 3 个（如果你至少不认识 3 个，论证是一样的），并且考虑你的 3 个熟人之间是什么关系。如果任何 2 位互相认识，那么这 2 人与你就组成一个互相认识的 3 位宾客小组。另一方面，如果你的 3 位熟人互相都不认识，那么他们 3 人就构成互相不认识的 3 人小组。这样，6 位客人就已足够。为看到 5 位客人不够，设想你在一个很小的宴会上，其中你刚好认识其他 4 位中的 2 位，而他们 2 位中的每一位又都只认识你所不认识的 2 位中的 1 位，并且 2 人认识的又不同。

163

对于大小为 4 的小岛，客人数必须为 18，而对于 5，则是在 43 到 55 之间。对于更大的数，分析就要复杂得多，拉姆赛类型的问题的答案，仅对于很少的数是已知的。

自从 1930 年拉姆赛去世以来，已发展了整个小作坊来证明同样的一般形式的问题：总存在某个具有规律性模式的给定大小的子集（即某种阶的小岛）的集合有多大？多产而周游世界的数学家保罗·埃尔德什（Paul Erdös）[23] 发现许多这样的岛，其中有些非常优美。特殊的岛的细节是复杂的，但是一般来说，关于集合的必要大小的问题，答案通常会落入迪亚科尼斯的格言：如果它足够大，几乎所有垃圾都会发生。正如我在有关圣经密码的段落中建议过的，拉姆赛型定理甚至可部分地解释某些等距字母序列的结果。任何充分长的符号序列，特别是用范围狭窄的古希伯来词汇表来写的序列，总会通向某些似乎有含义的子序列。

生物学家斯图尔特·考夫曼（Stuart Kauffman）在《宇宙中的家：寻找自组织和复杂性的定律》（*At Home in the Universe: The Search for Laws of Self-Organization and Complexity*）中，曾提出"为了自由的秩序"的有关概念。一个染色体中的几百个基因激发和转化为其他基因，而其中的秩序和模式仍然存在，受此启发，他要我们考虑更大的10 000个小球茎的集体，每个球茎有两个来自集体的其他球茎的输入。仅仅在这个约束下，我们把这些球茎随机地相连。假定还有一个钟的滴答声表明一秒间隔，并且在每个滴答声中，每个球茎按照某个任意选取的规则继续或消失。对于某些球茎来说，规则可以使它们在任何瞬间消失，除非在前一个瞬间有两个输入都开通。对于另一些球茎，规则可以使它们在任何瞬间继续，只要在上一个瞬间它的两个输入之一不开通。考虑到随机联结和随机规则的设定，很自然地会期望球茎的集体在没有明显模式的情况下混乱地闪烁。

然而，人们观察到的是"为了自由的秩序"，不同的初始条件有不同的形式。就我所知，结果仅仅是经验性的，但是我寻思，它可能是太难证明的拉姆赛型定理的一条推论。虽然肯定不需要再找其他论据来针对看来是根深蒂固的"创世学"的蠢话，但是轻球茎和意外的秩序在其中发生得如此自然，似乎还是再次提供了一个论据。

自由秩序观念的一个变种，出现在哲学上来自归纳法的实用论证中。我在第三章的附录中曾提到过一个问题，它通常被当作大卫·休谟的传统归纳法问题。在我们的生活中，我们天天都自信地运用归纳论证（其结论总是要超出范围，包含比它容许的更多的信息）。休谟问道，为什么我们在大部分时间中如此相信，这前提为真，则结论也为真？因为太阳在过去正常升起，明天大概也会升起，

164

165

或者扔石头在过去会掉地，未来扔石头大概也会掉地，这里肯定没有演绎论证可言。

看来，对于这种规律性的延续，仅有的论证是归纳论证：由于这些规律性是过去已经得到的，它们大概也会在今后继续。试图用归纳论证来证明归纳论证的合理性，显然在回避问题的实质。为使事情更明朗，对于问题"为什么未来在某些方面像过去"的答案看来无非就是说：因为过去的将来已经在这些方面像过去的过去。可是这仅仅当未来将像过去时才会有帮助，而它仍然是有问题的论点。事实上，这就是一个休谟式的问题。

为澄清这一所谓哲学的丑闻，已经有过许多尝试。一种摆脱困境的办法是，接受自然随时间均匀变化的非经验原理。这一"解决"的问题所在是，它又回避了问题的实质：它等价于它想建立的结果；正如罗素所说，它与"诚实的努力"相比有"偷窃"的优势。另一种摆脱困境的尝试是，注意到有些归纳论证比另一些的层次更高，并且试图利用这个分类等级（归纳论证，元归纳论证，元元归纳论证，如此等等），来为归纳作某种辩护。这并不见效，或者不如说，它太有效了，使许多怪异的实践都得到"辩护"，其中还包括反归纳主义。有些人甚至还试图这样来化解问题：声称我们通常的归纳规则的意义是理性赋予的，不必要求进一步为它辩护。

查尔斯·桑德斯·皮尔斯（Charles Saunders Peirce）[24] 和汉斯·赖辛巴赫（Hans Reichenbach）[25] 发展了对归纳法的一种不同的实用主义辩护。它大致如下：归纳法可能无效，但是，如果任何事物有效，归纳法也有效。宇宙中可能并不持续有序，但是如果在任何抽象水平上存在某种秩序，那么归纳法终于会在下一个较高水平上发现它（或者它的反面）。虽然"终于（eventually）"这个词会带来问题，对这样的方法仍然会有某些价值和吸引力，正如我已经提过的，它看来与秩序的不可避免性不同，但却是相容的。

故事、类比和为了自由的秩序

由于本书的主题已经铸造了类比的横梁，以有助于为文化缺口架桥，我们就可以问：所有这些与故事有何相干？当然，这里也有秩序或者重复图式的要素，会几乎毫无约束地到来。例如，用不着由一位文学理论家来告诉我们盛行的公式化的爱情故事：小伙子与姑娘相遇，然后发生波折，最后小伙子与姑娘相聚。性爱、世界的变化无常本性和正常的锲而不舍，就足以解释这一切。出生、历程、死亡的故事的自然流行也一样。

此外，在文学和人文科学中，是否有上面提到的为了自由秩序的见解更紧密的类比？这里最为肯定的是，与气体物理定律的自然相关，就像许多技术概念那样，它极大地提前了它们出现的日期。2 000 多年以前，罗马诗人和哲学家卢克莱修（Titus Lucretius Carus）[26] 写下了下面这段话。

对于在真实的真理中，事物在最开始并没有设计好把它们自己中的每一个都置于事先预想的有其秩序的位置上，事实上，它们也没有作出协商，使每一个应该开始什么运动，而是因为许多事物以许多方式移动，通过时间的无限推移，通过尝试每一种运动和联合，整个世界被驱赶，被冲击，最后它们落入这样的部署，使我们的事物世界被如此创造，并且一起共存。

气体物理定律的另一个自然类比，是一个比卢克莱修的基本思想更为数值化的例子。十九世纪的比利时学者阿道夫·凯特勒争辩说，概率统计模型可用来描述社会、经济和生物现象；我们的随意行动会

167

显现犯罪的某种模式和频率（在其他的规律性中）。他写道：

168
> 这样，我们一年又一年地以悲惨的预见，看到以同样等
> 级重新产生同样的犯罪，以及以同样的比例招致同样的惩
> 罚……我们可以事先列出会有多少人被他们的同伴的血沾染
> 双手，有多少人是假冒者，有多少人将坐牢，几乎就像我们
> 能够事先列举将发生多少新生和死亡一样。

自凯特勒以来，我们已经淹没在我们的出生、死亡、健康、收入、开支的统计分析洪流之中。

或许我们不需要走得很远，去寻求迪亚科尼斯所说的证据。它在晚间新闻和下午现场访谈中被证实，在那里令人毫不惊奇的是，几乎每天都有令人惊奇的故事被报道。而拉姆赛理论的一个人文解说是，给定一个足够大的总体，我们总能被保证存在一个人群，在他们之间互相有不寻常的关系。

我认为，值得注意的是，诸如拉姆赛理论或蔡廷著作那样的深奥数学研究，在"现实世界"中会有越来越多回响。由关于拉姆赛型定理的一些论文导出的这样的回响之一，是引起所谓的相移。这些论文的要点是，在某个临界数达到以前，某些组合现象很少发生，而在这个数以后，则是很少不发生。某些当代功能的出现，是否是因为所要求的人际联络的临界数（通过大众媒体）已经形成，这很有趣。对于基因似乎更是如此，这种内部联络可能是临界的。在一个充分高的抽

169
象水平上，这样的内部联络可能引起所有种类的假想的周期性规律，它们就隐含在我们的"社会进化"中，或者在流行时尚的周而复始中，或者甚至在看起来无法解释的交通阻塞的突然性中。不言而喻，需要更多的研究来阐明和建立这样的规律性。

归纳法的实用主义辩护是否也有社会上的平行物？我认为，这样的

辩护存在于社会的理论化和历史写作中，以及预设的某种重大秩序中。我们满足于曾经找到的一丁点模式，不管是从哪里找到的。萨缪尔·贝克特（Samuel Beckett）[27]的作品总是以某种模糊的数学化打动我；他之所以引起我的注意是因为休·肯纳（Hugh Kenner）用计算机语言 Pascal 翻译了贝克特的《瓦特[28]》（Watt）中的一段。雷蒙德·卡维（Raymond Carver）[29]或者安·贝蒂（Ann Beattie）[30]的最低要求主义故事，看来也是得益于这种归纳法的观点，正如许多超现实小说和短篇故事中所做的那样。用以赛亚·伯林（Isaiah Berlin）[31]的术语［来自阿奇洛库斯（Archilochus）[32]］来说，我们更乐意成为熟悉许多琐事的狐狸，而不愿意成为知晓一件大事的刺猬。事实上，本书的零散、插曲式的结构，就是因为对崇高的主张和过分简单的理论的不耐烦。

　　壮观和过分执着的文学作品，诸如萨克雷的小说，相对比之下似乎很天真。正如以前所提出的，二十世纪初期，詹姆斯·乔伊斯和弗吉尼亚·沃尔夫的意识流小说，可以看作一种以简单描述最世俗的行动和较低水平的思想，来辨识某种水平的模式的意图。恰如其分的故事自然会超出经验和偶然的这样那样的碎片来展开。甚至温度（充满热情）、压强（密集详情）和体积（广泛涉及）的叙述类比都可找到，只要人们对有时是牵强附会的类比能有足够的宽宏大量。

*　*　*

　　故事与信息之间的另一种对应是由"物理熵"的概念所暗示的，后者是由物理学家沃伊切赫·楚雷克（Wojciech Zurek）在他于《自然》（Nature）杂志的 1989 年 9 月号上发表的《计算、算法复杂性和信息度量的热力学代价》（Thermodynamic Cost of Computation, Algorithmic Complexity, and the Information Metric）一文中提出的。楚雷克把物理熵定义为克劳德·香农的信息容量和蔡廷的复杂性之和，这里，香农的信息容量用不可能性，或者是在一个有待完全被揭露的实体中的内在诧异来度量，而蔡廷的复杂性用已经被揭露的算术信息容量来度量。正如科学作家乔治·约翰逊（George Johnson）在《思绪中的激情》（*Fire in the Mind*）一书中指出，这一定义企图澄清热力学中的某些经典问题（特别是麦克斯韦妖[33]问题）；但是物理熵也能用来为人类故事系统建立模型。设想有两位读者见到一篇新的短篇故事或小说。其中之一是见多识广的文学家，而另一个则相当天真。对于第一位读者来说，故事平淡无奇，手法和修辞都是老套路。然而，对于第二位读者来说，他却深受情节角色、行文遣字的感染。问题在于，故事中究竟有多少信息？

在试图回答这一问题时，引人注意的是也要考虑读者；这些读者对于故事来说，具有极其不同的背景。第一位读者的思维已经把大量的文学复杂性在其内部编码；第二位读者的思维相对来说还未被这种复杂性所左右。故事的香农信息论容量——它的不大可能性或者它造成的惊奇——对于其思维复杂性较大的第一位读者来说较少，但是对于第二位读者来说恰恰相反。随着他们阅读的深入，两位读者对不可能性的判断或者惊奇程度虽然有不同的等级，他们的思维复杂性再次被不同地提高。这两者之和——物理熵——保持常数，也就是思维-故事系统的信息容量的度量。

这一无可否认的模糊思索有我所赞赏的三个方面。一是所引起的概念与热力学第二定律处于同样的概念领域中；而热力学第二定律正是被 C. P. 斯诺用来说明科学与文学精神之间的鸿沟，其中后者是被断定为不能理解第二定律的深远意义的。由于本书的一部分也是倾向于注视这两种文化之间的缺口，历史的共鸣是令人满足的。（对于那些感兴趣的读者来说，香农信息容量的概率定义类似于第二定律中的热力学熵的定义，尽管人们在用它们时观点相当不同：封闭系统中的热力学熵是增加的，而消息的信息容量随着它的解码是减少的。）

更为重要的是，这样的一种思索也提供了这样的一种意义：在这种意义下，故事成为我们的物理上的一部分［例如这与某些神经科学家的理论不相容，或者甚至与哈姆雷特（Hamlet）比喻性地说出"在我大脑的书卷中"也不相容］。它们变成把故事中的某些东西编码为能够随意生成它的智力程序的片断，并且，如果再并入我们对世界概念上的和感情上的映像，它们就永远地改变了我们。我们就是我们说的故事。

　　这一思路的第三个吸引人的方面是，看来，它强调了在作出评价时上下文的需要程度（在这一情形下，人-故事系统比仅仅是故事系统更为重要）。一个与它所假定的语言上和心理上的理解毫不相关的故事，是毫无意义的。没有科学和文化的准备来支持这些本质而又隐含的理解，理论和故事都是没有意义的。

　　这可能就是后现代主义的文学理论家在他们提及"作者之死"时的含义。他们强人所难地要人们把他或她的作品中作者的观点看作确定无疑的（或者在极端的陈述中，甚至看作非常重要的），可能暗示这样的现实（或者过度估计）：含义是一种由公共文化背景形成的社会媒体现象。维特根斯坦曾经机敏地注意到："可以用来描述世界的牛顿力学没有告诉我们有关世界的任何事。但是它告诉我们这样的事：它可以用我们事实上在用它的方式来描述世界。"同样，我们对于詹姆斯（Henry James）[34] 的小说或者塞恩菲尔德（Jarry Seinfeld）[35] 的情景喜剧也可以这样说。然而，这并非意味着作者之死。对于整体的文化来说，作者并非只是名人的代笔者，虽然名人和作为整体的文化正在趋向于不知所云。

复杂性、混沌和多余的零钱

　　在我的抽屉里有一个零钱盒，它总是似乎要满出来；因而每天早晨，我就抓起一把硬币，准备在白天用掉它。当付款处问我要 2.61 美元时，我总是埋怨身边没有分币，以及又要遭受找回四个分币的麻烦。有时也会遇到一次特别巧的购物，刚好把我口袋里的零钱在一次付款时全部用光。这天，我就会发现自己比完成一件重大要事还高兴。我也发现自己在对商品价格（例如，流行的 99 分的价格）、我口袋中的硬币、它们的币值、中心极限定理和其他数学秘诀的可应用性作出假定，然后导出关于怎样经常把硬币从我的口袋里用空的小定理。细节就从略了。

再说一件琐事：明天是我答应寄送论文的截止日期，但是，现在我不想写，或者家中的账单需要支付，或者为了别的并不令人愉快的小事。我勉为其难地开始按计划尽职工作，但是突然一件毫不相干的小事涌上心头，使我心烦意乱。这可能是有关一个词的词源，或者是在部门的会议上，一位同事的纸袋被撕开，里面露出一本色情杂志，或者为什么电话本搞错了一位朋友的电话号码，但是我要花半小时去力图使自己澄清这些小事。然后，搞错号码的电话本使我想起我认识的某人，也许她正在她的电话上用隐私按键，而她懊恼地发现，她的粗枝大叶又使打电话的人被偷听到。这又使我想到回复 e-mail 时弄错了发信者。那位同事蹩脚地解释道，他一定是拿错了纸袋，而又想起蹩脚（lame）的起源，如此等等。[我总是喜欢劳伦斯·斯特恩（Laurence Sterne）的十八世纪的小说《绅士特利斯川·项狄的生活和主张》（*The Life and Opinions of Tristram Shandy, Gentleman*），它涉及的是夸夸其谈的讲述者特利斯川·项狄的生活，此人的信口开河到如此地步，使他需要写上两年来说他两天的生活。由于经常不耐烦，也使我发现这是一本最烦人的书。]

这些乏味的插曲有力地指出，虽然功利主义哲学家、享乐心理计量学家、自我中心论专家和认知科学家的百般努力，一般来说，从来都不会有幸福、效率或者人类行为的精确科学。无论对人类的特殊性怎样争论不休，小说和普通会话总是有其优势。

刚才提到一些被公认的学科的精确化之障碍在于，我们大脑中的联系和联结的绝对的复杂性，以及有时会因此引发的混乱。关于后者，拓扑学家史蒂文·斯梅尔（Steve Smale）[36] 设计的用来说明数学混沌的演化技巧会与此相关。设想有一块白黏土做的正方体，其中间横贯有一层薄薄的红色染层。现在把这块方块拉长、压扁为它的两倍长，然后光滑地把它向它自己的后面折叠，使得重新形成一个方块。染层现在的形状像是一个马蹄。重复这样的拉伸、压扁和折叠许多次。你将注意到，红色染层不久就遍布整块黏土，它以一种极为迂回盘旋的图式类似于一卷奇特的缎带或者一团镶嵌着细丝的糕团。在染层上，原来很近的点现在拉开了距离；另一些本来相距较远的点现在靠近了。对于黏土中的点同样也是如此。这就已经论证，所有混沌（以及随之发生的令人激动的不可预测性，不成比例的响应以及由此引起的所谓蝴蝶效应[37]），都是在适当的逻辑空间中由这样的拉伸、压扁和折叠引起的。

正如我已经在某处写过的，读报纸杂志、看电视，或者干脆就是白日做梦和自由联想，是让我们的思维对红色染层进行拉伸、压扁和折叠的有效手段。拉伸和压扁对应我们对相隔很远的事件、全然不同的人物和不同寻常的情况（诸如我在前面提到过的时间上离题的思想）的预想。折叠对应于我们试图把这些事件、人物和情况与我们自身的生活联系起来。每天，我们的智力景观被拉伸、压扁，并且，如果我们允许的话，反向折叠到自身；这在我们身上的效应就类似于对红色染层的效应。曾经接近的想法、联想和信念会变得拉开，反过来也一样。人们敏锐地使自己与世界协调，而我寻思，他们读到的和看到的，比起这些活动范围更受限制的事物，预测起来要远远困难得多。

如果为了提出任何科学主张，这样的比喻还需要进一步发展，并且，正如所提出的，几乎不能被证伪。还有，它是有启发性的，并且看来与我们以前讨论过的观念是相容的，即我们自身是所谓非线性动力系统，在时间上受到如同新英格兰的天气一样的混沌式的不可预测性的制约。例如，降临到我们身上的倒霉情绪是由一场使我们中止在公园里散步的突然的狂风暴雨所带来的。

176　　当然，我们并非深不可测，因而必须增强可预测性和稳定性，削弱统计的因素。当我中断计划去某个朦胧的网站或新闻组做验证时，或者由出空口袋中的零钱而导致一刹那的欢欣时，我不感到那么可悲。

* * *

这些类比的收益在于更广泛、更有启发性的参照物集合中，它既是科学的，也是文学的。二元文化主义应该占据我们个人的认知视野，回忆在陌生学科中步履艰难的旅行是有助于推进这点的一种方式。我深知，我这里写的这部分，可能会作为不协调的学科领域的混合而被排斥；即使我是在星期二与星期六想到这点的。尽管如此，在另外五天，我还是想到，试图开发在这些相距甚远的文化之间的广阔地带，是一件科学家很值得付出努力的事。否则就是甘愿把它们完全交给后现代主义者、现象主义者、种-性理论家、后结构主义者、马克思主义者、计量历史学家和精神分析结构主义者。这样的人们，至少在星期二和星期六，并非没有他们的魅力和洞察力；但是正如物理学家阿伦·索卡尔（Alan Sokal）在文学期刊《社会文本》（*Social Text*）上搞
177　的恶作剧*所告诉人们的，在另外五天他们更乐于抛出用深奥伪装的胡言乱语。

---

* 索卡尔的毫无意义的论文［即 1996 年发表的 "越过边界，迈向量子引力的变革性诠释学"（*Transgressing Boundaries, Toward a Transformative Hermeneutic of Quantum Gravity*）——译者注］发表在上述杂志上，其中充满来自物理的高调观念，并且似乎为各种相对主义的论证增添了有声望的支持。——原注

译者注：

1. 斯彭德（1909—1995），英国诗人。

2. 契诃夫（1860—1904），俄国短篇小说大师、剧作家。

3. 麦当娜（1958—　），美国女歌星、演员。

4. 香农（1916—2001），美国数学家和工程师，信息论创始人之一。

5. 凯奇（1912—1992），美国前卫派作曲家。

6. 修拉（1859—1891），法国新印象派画家。

7. 舍恩伯格（1874—1951），奥地利出生的美国作曲家，十二平均律体系的创始人。

8. 康定斯基（1866—1944），俄国抽象派画家。

9. 爱伦·坡（1809—1849），美国作家。

10. 凡尔纳（1828—1905），法国作家，被称为"科幻小说之父"。

11. 萨克雷（1811—1863），英国小说家和幽默大师。

12. 柯南道尔（1859—1930），英国物理学家和小说家。脍炙人口的《福尔摩斯探案》的作者。

13. 纳博科夫（1899—1977），美籍俄裔作家、诗人和文艺评论家。《蒲宁》（1957）是他写的有关沙皇俄国时代的流亡诗人蒲宁的小说。

14. 厄普代克（1932—2009），美国作家。

15. 克兰西（1947—　），美国畅销小说作家。

16. 莱布尼茨（1646—1716），德国数学家和哲学家。

17. 匹克威克，英国作家狄更斯（Charles Dickens，1812—1870）的幽默小说《匹克威克先生外传》中的主人公。

18. 托勒密（约90—168），古希腊天文学家、地理学家和数学家。地心说的创立者。

19. 帕斯捷尔纳克（1890—1960），俄国作家和诗人。1958年以小说《日瓦戈医生》获得诺贝尔文学奖。当时曾引起一场政治风波。

20. 贝里悖论（Berry Paradox）其实也是罗素在20世纪初提出的。但是因为有了著名的罗素的集合论悖论，他把这个悖论以牛津大学当时的图书馆管理员 G. G. 贝里夫人为名，命名为贝里悖论。

21. 盖尔曼（1929—2019），美国物理学家，因粒子物理的成就（特别是夸克理论）获1969年诺贝尔物理学奖。20世纪80年代，盖尔曼加入圣菲研究所从事复杂性研究。他的有效复杂性概念容易使人联想到"巴赫（Bach）-猴子悖论"。

22. 有中译本。1997年由内蒙古远方出版社出版。

23. 埃尔德什（1913—1996），匈牙利数学家。1983/1984 年度沃尔夫数学奖获得者。

24. 皮尔斯（1839—1914），美国哲学家、数学家和物理学家。美国哲学的实用主义运动的奠基人。

25. 赖辛巴赫（1891—1953），德国哲学家和逻辑学家。

26. 卢克莱修（前 98—前 55）。

27. 贝克特（1906—1989），爱尔兰出生的法国小说家和荒诞剧作家。1969 年获得诺贝尔文学奖。

28. 瓦特（James Watt，1736—1819），英国工程师和发明家。蒸汽机的重要发明者。

29. 卡维（1938—1988），美国短篇小说大师。

30. 贝蒂（1947—   ），美国当代女作家。

31. 伯林（1909—1997），拉脱维亚裔英国哲学家和教育家。

32. 阿奇洛库斯，公元前 680—前 640 期间的希腊诗人。

33. 麦克斯韦（James Clerk Maxwell，1831—1879）是英国物理学家。麦克斯韦妖是后人对他在气体运动论中提出的遍历性假设的形象化说法。

34. 詹姆斯（1843—1916），美国小说家和评论家。

35. 塞恩菲尔德（1954—   ），美国电视喜剧明星。

36. 斯梅尔（1930—   ），美国数学家。1966 年菲尔兹奖获得者，"斯梅尔马蹄"就是因他而得名。

37. 由美国气象学家劳伦茨（Edward Lorenz，1917—2008）在探讨混沌现象时提出的。他认为爱荷华州的一个蝴蝶扇动翅膀可能引起印度尼西亚的风暴。这种极不稳定的效应就称为蝴蝶效应。

第五章

为缺口架桥

我们并非智力太多和精神太少，而是有关精神的智力太少。

——罗伯特·缪塞尔

（Robert Musil）[1]

故事与统计的结合，或者更一般的，文学与科学的结合，可能是令人振奋的。故事中的戏剧性和人性推动了科学和统计的研究，而后者的严格无私的视角，又会使故事免于沦落为伤感的琐事或浮夸的吹嘘。隐喻和类比使数学和科学狭窄的字面理解得到拓展，而数学计算和数学约束又为文学想象打下根基。

问题不在于文学想象与科学实质的对立。故事不只是对于我们自身，甚至对于数学和科学来说，都往往比公式、方程和统计数字更能左右人们的理解，而数学和科学的观念，也往往比小说和戏剧更有创造和幻想。如果允许我夸张一些，我会把我对跨越故事-统计分界线的尝试，当作一名数学家智力的乔装打扮。既然我并不是那么有倾向性，还是让我来大声警告对叙事和数字毫无区别的融合。

　　这种轻率的融合，有时可能意味着一种哲学上的混乱，或者是当年英国哲学家吉尔伯特·赖尔（Gilbert Ryle）[2] 很久以前所说的范畴错误。这种错误的一个例子是有关一个农夫的；他去问他的雇主，kebab 中带有 a 还是 o，雇主回答说是肉[3]。各种奇闻轶事为环绕故事与统计之间的界线提供了更确切的例子，当惯于用高级论证去代替说明它们时，通常会构成一种违规跨越。

　　另一个常常引起误导的，是试图通过给统计和社会科学分析穿上小说的外衣，来融合两个领域。例如，在汤姆·沃尔夫（Tom Wolfe）[4] 的文选《新新闻业》（*The New Journalism*）中，他探讨了当时的新新闻业从小说中借鉴的技巧：用对话来代替做报告；通过戏剧化的场景，而不是通过阐述性的概要和统计来讲故事；假定某种特殊的态度或观点，而不是从公正的、客观的角度；尽量装腔作势，而不是以一个普通的角色。其他技巧还包括，利用动词时态（经常用过去现在时和简单过去时）来制造一种偷听的幻觉，提出问题但不马上回答以造成悬念，以及偶尔采用的利用插叙和倒叙来产生戏剧效果。

　　一句话，这些技巧使得人们更容易把现实看成是另一个故事；他 180 们模糊了小说和报告文学的界限，也渐渐混淆了娱乐与新闻的界限。报告文学与新闻的身份常常是不能特殊化的。稍进一步说，如果放宽对出错、含混、角度等等的要求，那么他们的报道就经常会把实际发生的事在一片混乱中消失。反过来，小说家们应该拒绝利用他们的作品来作社会科学分析。他们几乎总是拒绝那样做，大概这就是为什么小说会被那些社会活动家所蔑视；社会活动家们对个人视角不耐烦，而只承认大规模的集体运动。

　　当我们企图把个人的生活境况投射到一个不相干的世界时，也会出现个人的与非个人的东西不恰当的融合。例如，老人或病人倾向于把他们个人的失落故事，拔高为社会衰败的启示录；说白了，这就是说："我衰落了，因此世界一定也这样。"不必有多少心理学的敏锐性就可以意识到，许多世纪末专家和启示学家，实际上是想让世界终结。当你风华正茂时，世界正在走向末日；而从内心深处意识到"没有你生活依旧"可能令人沮丧。

同样，置身度外是某些唧唧喳喳的工匠们宣称的准则，他们自认为就是非个人的科学进步的化身，以致忘却他们自己个人的境遇。这种对立的趋势，大概就成为以下注记的基础，即从启蒙运动到浪漫主义[5]的演变，就是从客观乐观主义到主观悲观主义的演变。科学以令人愉快的、非个人的方式前进，而个人则不可避免地要衰败。

正如这些章节试图指出的，故事与统计之间、主观视角与非主观概率之间、无形式聊天与形式逻辑之间以及含义与信息之间的缺口并非如此不可逾越，在适当的地方是可架桥的，并且简直不用明确标记。在任何地方，都不会有比这里简略提到的某些全然不同的领域之间的边缘地带更为朦胧的缺口。

彩票与心想事成

我被无数家广播电台和电视台的节目采访过，而话题常常会转到彩票和击败它们的方法上。在一次这样的节目中，有人告诉我，在某些州用手挑选的彩票号码比机器生成的号码有更多的获胜机会。我差点认为这是又一个愚蠢的彩票知识的例子，但我意识到，虽然很难检验，这种说法并非空穴来风。事实上，这很好地说明，一个人寄托个人愿望的方式，有时看起来可能会影响更大的、非个人的现象。

考虑下面简化的彩票。在一个温馨的小镇里，镇长每周六晚上从一个鱼缸里抽取一个数。缸里放着标有数字 1 到 10 的球，并且每周只有两个小镇居民为此打赌。乔治随机地在 1 到 10 之间选取一个数。而另一方面，玛莎总是选取 9——她的幸运数字。虽然乔治和玛莎赢的机会一样大，但数字 9 将比任何一个别的数字赢面来得大。原因是一个数字胜出必须同时具备两个条件：它是那一周的周六镇长抽取的数字，也是其中一个参与者选中的数字。由于玛莎总是选9，第二个条件在她的情形总是满足，因此每当镇长从鱼缸中抽到9，9就会赢。对于其他的数字，例如4，就不是这样。镇长可能从鱼缸中抽到4，但这时乔治很可能没有选4，因此4就不是胜出的数字。乔治和玛莎获胜机会相同，镇长抽取各个数字的机会也相同，但并非所有的数字有着相同获胜的机会。

是否有别的无明显条理的情形，与上面的例子以相关的方式相像？这使人想起占星术。如果有足够多的人相信这些关于天国的胡言乱语，并且遵循他们所相信的它们的"真实"本性去做，那么他们的信念可能在一定程度上会自我实现（尽管占星术的预言是含混的）。类似的观察可以对正统的弗洛伊德主义、创世学以及其他封闭的信仰体系进行。但是，我们拥有更加类似于缸中数字的例子吗？是否存在大自然的"摸彩"，随机地从鱼缸中抽取小球，一些人随机地选取不同的数字，而另一些人总是选取相同的数字？

考虑复杂的、但令人颇为沮丧的、类似于摸彩结果的医疗情形。假定病人们都规律性地因某些系统失效而处于病症危险期，他们的病情的发展是不可预测的。可能的结局可用10个数字来表示，但只有数字9代表康复，其他都对应病人可能死亡的不同方式。在这种情形下，玛莎总是"赌"病人的康复，并相信这将归功于她的祈祷，这样的"赌"对应于她总是选取她的幸运数字9；而乔治不相信祈祷，他总是猜病人会以某种方式死去，这对应于他随机选取数字。尽管在这一情况下，对祈祷的信念与任何其他的指望一样无法保证，但预测康复经常会比预测其他事物比如肺气肿之类要准确得多。

更一般的是，对于任何有多种结局、但其中之一是社会上众望所归的结局的状况，显得众望所归的结局，比随机选择而发生的频率要高。这反过来又使结局更倾向于人所共爱。在这种淡化的意义下，心想的确会事成，美梦的确会成真。

＊　＊　＊

股票市场也是一种摸彩，但交易者的巨大数量，使得它有决然不同、更为敏感的偏爱。它的规模和复杂甚至提供了更大的心想事成的余地，并且也为对此至少要采取两种非常不同的姿态的做法作了辩护。我们能只引进统计——诸如随机游动、有效市场、贝塔值之类的数学概念吗？或者叙述成分——诸如萎缩、强势、反常反应——是图形的一部分吗？这里又是故事-统计之间的一些跨越作为最诱人的选择。掌握图表和数字资料的大多数高薪的基金管理者，并不比盲目的指数基金做得更好，这有时会成为一条丑闻，并且似乎暗示理论统计论证是瞎嚷嚷。给定风险水平，只能有一定的收益水平可长期预期。为什么要试图战胜骰子呢？

另一方面，正态的钟形分布，并不能准确地反映市场上时常出现的极端波动。有时，它造成的投资者心理和跟风效应（对比前面章节讨论的狂怒的大女子主义者的寓言和概率上耦合的观念）也在建议，市场本身在有限的范围内可被看作一种当事人。一个比当事人更好的词是复杂适应性系统。这是一个重要但更技术性的概念。圣菲研究所（Santa Fe Institute）[6] 的培尔·巴克（Per Bak）、布赖恩·阿瑟（Brian Arthur）和其他一些研究者曾研究过这样的系统。复杂适应性系统——我们本身就是例子——最终可能有助于澄清故事与统计之间的缺口的本性。它甚至可能导致，当我们讲述有关这些系统及其模式的故事时，我们并非总是荒唐的拟人系统。

承诺、问题及隐含意图

就像愿望和恐惧那样，问题和承诺有时在事实的创造中扮演一个

令人惊奇的角色。例如，考虑发生在下列由智力难题专家雷蒙德·斯
穆里安（Raymond Smullyan）讲述的一个故事的改写本中主观和客观
之间不同种类的交流。

185

一位男士问一位女士："你能不能承诺，要是我说真话，就给我一
张你自己的相片，而要是我说假话，就不给吗？"她感到这是一个恭维
且友好的要求，她就承诺了。于是男士说："你既不会给我一张你自己
的相片，也不会跟我上床。"为澄清男士的鬼把戏，我注意到，她不能
给他自己的相片，因为她要是这样做了，他的话就是假话，那么她就
违背了只当他说真话时才给相片的承诺。因此在任何情况下，她决不
能给他相片。但如果她也拒绝跟他上床，他的话就成了真话，这又将
要求她给他一张相片。仅有的不违背她诺言的选择是跟他上床以使他
的话变成假的。这位女士看起来无伤大雅的承诺把自己诱入了陷阱。

不幸中万幸的是，我怀疑能够有效地使用这类引诱技术的人大概
相当少。尽管如此，它可能成为《星际旅行》（Star Trek）插曲的一个
有趣的前奏，或者也许会形成逻辑学家的日记手册的一部分。

下列经典故事提供了一个这样的例子：对问题的任何确定的回答
都能确保回答者的客观谬误。设想有一台称为德-奥-赛（Delphi-Omni-
Sci）的计算机（我一直喜欢 DOS），在其内部，安装可能有的最完备
的科学知识、所有粒子的初始条件，以及复杂详尽的数学技巧和公式。

186

再设想，德-奥-赛只回答"是"或"否"，并且它的输出装置如下设
计：当答案为"是"时，关掉附带的指示灯；而当答案为"否"时，
打开指示灯。如果有人问这台给人印象深刻的机器一些关于外部世界
的问题，这台机器会作出回答。让我们假定它不会出错。然而，如果
有人问机器，它回答问题后它的指示灯是否会亮，德-奥-赛就被难倒
了，并且不可能用任何一种方式回答。如果回答"是"，灯熄灭，而当
回答"否"时，灯点亮。至少在它程序中的法则和公理下，这个问题
是"不能确定的"（虽然一台旁观的计算机可能回答得了这个问题）。

与德–奥–赛相关的，是有孩子的父母特别熟悉的下列现象。在预测一个人将作出什么决定时，通常非常重要的是，不能让那个人知道这一预测"信息"，否则这会改变他的决定。围绕"信息"的打草惊蛇式的引证表明，这种特殊类型的信息已经丧失了它的价值，并且，如果把它提供给其决策已被预测的人，它就成了废纸一张。这种信息，尽管它可能是正确的、真实的，可仍旧是不通用的。旁观者与决策者（比较问讯者与德–奥–赛）有着互补的和不可调和的观点。正如麦凯（D. M. MacKay）在《思想》（Mind）杂志上的《论自由选择的逻辑非决定性》（On the Logical Indeterminacy of a Free Choice, 1962）一文中所写的那样，在我们把事情做得对于一个旁观者来说是某种可观察或可预测的东西以前，我们的选择是非决定性的。

（这一逻辑上的非决定性依附于我们对我们自己将决策什么的预测。在许多情况下，我们可以通过只考虑我们自己的那一部分来避免它。在描绘涉及我们自己的情景时，我们能够把因我们而牵涉进来的那些部分客观化。然而，既然我们的一部分——主观的观察者——总是在进行观察和预测，而另一部分并不在被自我观察或自我预测，我们对于场景的记录一定是不完全的。）　　187

在任何情形下，主体或客体的混淆或异体融合（正如在德–奥–赛的例子中那样）总是导致不可判定的开问题。那里的融合只会导致涉及某些附加指示灯的问题的不可判定。通常，还有许许多多问题是不可判定的。

＊　＊　＊

不仅是这些逻辑奥秘，甚至连家常的谈话和有意的阐释（它们都会参照当事人的意图和理性），都涉及这种主客体界线的模糊。这是因为，它们都要求我们有足够的设身处地的体验能力，以理解别人的准则和约束、价值和信念，而别人的反应和行为都会受这些影响。哲学家格赖斯（H. P. Grice）甚至曾定义："由 X 引起的 S 的含义"为"通过让听众承认 S 意图产生的那种效果，旨在使 X 的讲话在听众中产生某种效果的 S 的意图"。在某种意义上，我们所有人都时不时地成为别人的计算机上的指示灯，而把这些结果耦合在一起的认知过程，正如前面所主张的，需要一种新的内涵逻辑。

考虑下面简短的对话。

188　　　乔治：这个关于动机、承诺、问题、畏惧和愿望的讨论太啰唆了。为什么我们不干脆引用事实，使用外延逻辑，做些数学题，忘掉所有这些杂乱无章的东西呢？

玛莎：我明白你的意思。让我们马上彼此发誓，从现在起就这样做吧。我们都渴望简洁和精确。

这个笑话与类似的笑话一样，在于乔治和玛莎打算只使用外延逻辑，但是内涵概念已经构建在他们（和我们）的交流本身之中。这种情况很像高喊沉默的重要性，或声称某人的兄弟是独生子一样。虽然愿望、畏惧、承诺和动机（还）不在数学和科学的领地内，但它们以及它们所依附的故事，是理解这些学科及其应用的本质基础。

两种文化，同样的狭隘主义

阐述关于故事与统计之间关系的一个原因是，它能够反映更一般的 C. P. 斯诺所说的两种文化（文学与科学）之间的关系，而又不至于引发他在 1959 年的演讲中常常进行的标准而味同嚼蜡的陈词滥调。不幸的是，两种文化间的深沟还在，并且互相继续保持对对方的不以为然。许多文学界人士公开地说和写，他们是仅有的知识分子种类，而许多科学思想家则背地里相信，大量的文学和人文领域的学问，是混

乱不堪而又自命不凡的一派胡言。　　　　　　　　　　　　　　189

虽然每一方的工作者都倾向于既做杰出人物又当本领域专家，但文学自有其魅力，并拥有一个与绝大多数人有关的历史和传统。另一方面，数学和科学时不时地以不知从何处冒出来的一套神秘技术的面目出现。在许多数学和科学的课堂上，暗含的教学策略仍然是：闭上嘴，做你的题。（这并不是说，不需要计算训练，而仅仅是为提醒那些所谓的数学基础论者，计算能力是一种被过分夸大的技巧，尤其是在当前。就像没有人会把一个通晓拼写的人与一个会写好文章的人混为一谈，没有人会把一个速算专家和一个能理解并有效运用数学思想的人等量齐观。）

作为迷恋技术的教学的结果，这些课堂上的学生和一般的人们对于数学和科学本性观念的认识往往相当狭窄（如果不是因为科普作品的繁荣，也许会更糟）。举例来说，当我要求我的学生写一篇简洁优美的说明性文章时，他们常常表现出被出卖的样子，而我在社交场合遇到的人们通常认为我写的东西似乎有点不务正业。

无可争辩的是，数学和科学课程经常省略这些领域的历史或文化，很少概述它们的主要思想及应用，也不大允许任何离题的不着边际的讨论。另一方面，文学和人文课程常常越点轨，多次给学生一种饶舌、空洞、不系统和不知所终的感觉。［参见希拉·托拜厄斯（Sheila　190 Tobias）和林耐·阿贝尔（Lynne Abel）发表在《美国物理杂志》（*The American Journal of Physics*）1990 年 9 月号上的《对于物理学家的诗》（Poetry for Physicists）。这样的差别不可能被完全抹去（就像分析陈述与综合陈述之间的区别一样）］，但是它们应该得到解释，使学生们意识到有多种理解以及怎样去获得它们。

有一个笑话，讲的是一个机敏的数学教授，他出了四道测验题。头三个问题要求写出对定理的证明，最后一个问题的前面写着"证明或推翻"。一个学生苦苦思索了一会，然后跑到教授的桌前问："关于最后一个问题，您是想让我证明它，还是想让我推翻它？"教授回答说："哪个对你就做哪一个。""喔，"学生说，"我能做任何一个。我只是问您喜欢的是哪一个。"当然，换在历史课或文学课上，这就不是一个笑话。

医 生 的 困 惑

约翰·麦卡锡（John J. McCarthy）[7] 已经用一个题为"医生的困惑"（*The Doctor's Dilemma*）的寓言＊来说明这些问题。麦卡锡是人工智能最早的研究者之一，计算机语言 LISP 的发明者。他显然是科学文化圈的成员之一。他请我们将他本人对下述困惑的回答与来自文学文化人的回答进行对比。

前提——具有讽刺意味的是，需要比小说还难以置信的悬念——是一个已经发生的奇迹。在一所医院工作的一名年轻医生一觉醒来，发现自己只需要用皮肤最轻的接触，就可以治愈不满 70 岁的人的任何疾病。这位尽职的医生想最大限度地利用他的天赋。由于他知道这种能力不能转移，只能与他共存亡，也不会固化在他身上取下的皮肤上。对于这一能力，他与其他人应该做什么？

麦卡锡在给出他的答案之前，先列出了一些他称为"文学偏执狂的作业"。其中包括：医生不费吹灰之力治愈病人，引起他的同事们的嫉妒，他们使他身陷囹圄，并且最终被切除脑叶。一家教会指控他因冒犯疾病和死亡是人类不可避免的厄运这一信条而亵渎神明，经过许多悬念和阴谋，他被处死。还有，这种天赋被认为是神圣的，他被庄重的宗教仪式所包围，使他几乎不可能使用他的能力。在另一个构想里，医生因为他的职责疲于奔命，在发表了一次悲壮的关于自己心有余而力不足的演讲后死去。或者他开始时可能会努力工作，后来逐渐

_____

＊ 这一寓言在他的网页上，网址为 www-formal.stanford.edu/jmc/docdil.html。——原注

191

屈从于日益增长的对于权力、金钱和女人的渴望。（注意，对他来说，无保护措施的性生活是安全的。）然后，他可能被政府控制，政府或者让他只医治高官，或者指派一个委员会，以确保他的能力平等地使用于所有的种族和民族群体。有人设想沉重的人口过剩以及由丧失免疫力而引起瘟疫的可能，并引起一场限制这名医生接触病人的争论。　　192

在所有的例子中，都充满戏剧性和各种情节，矛盾此起彼伏，但只有少量的治疗被完成。麦卡锡还描述了其他的一些场景，其中中央情报局、外国势力、恐怖分子、疯狂的科学家、黑手党，以及极为不安的双亲，都纷纷亮相。每个例子中，都充满了他认为体现了大多数文学类型的特征的戏剧性点缀和情节编造。

最后，麦卡锡提供一个他描述为合乎道德的解决方案，虽然它比前面的场景少些文学魅力，但毕竟可以使这名医生能够治愈所有不满70岁的人，只要他们被及时诊断，并且该医生还活着。他坚持，他的解决方案（或者某个类似的）完全像是一个科学文化圈中的成员设计的（虽然它只需要一点科学知识）。需要的只是几个数字和做算术题的能力。比如每年大致有一亿不满70岁的人死去，或者说比每秒钟死三个人稍多一点。可以建造一个有10条传送带的机器，每条传送带每秒钟运送20人经过该医生以求短暂的接触。他每天工作不需超过半小时。麦卡锡勾勒出这一方案的反对意见和细致改进——在世界各地的机器，人口过剩的风险（如果出生率降低至死亡率，就根本不会发生），以及其他一些附带的道德和技术问题——但是解决方案的核心需要一点精心的计算。

麦卡锡针对"医生的困境"的技术解决方案是否比那些"文学偏执狂的作业"缺少文学价值，尚不清楚；其戏剧性表现的预先假定使我有点想起了前面叙述的乔治和玛莎的对话。然而，文章有效地使文学文化漫画化。正如苏珊·桑塔格（Susan Sontag）在《疾病的隐喻》（*Illness as Metaphor*）中所说的那样，对于人们来说，把形形色色的　　193

故事框架、个性类型与诸如肺结核、小儿麻痹症、艾滋病之类的疾病联系起来，并不少见。一旦一种治愈方法被发现，这种框架和类型也就随风而散了。本着公平竞争和互相沟通的精神，我在这里再引用一个不太需要计算的观点，它出自另一个不同的"医生的困惑"，即乔治·萧伯纳（George Bernard Shaw）[8]的同名戏剧："利用你的健康直到精疲力竭。那就是它的归宿。在你死之前耗尽你的所有；别让你自己活得太久。"

＊　＊　＊

另一个关于文学与科学思维系统的未经证实的测试，来自对戴安娜王妃之死的最初反应。是把它看作由恶棍、英雄和精心策划的阴谋构成的某种戏剧、肥皂剧或道德剧，还是看作与诸如超速、醉酒、可怜的判断和危险的路况之类非常平凡的先兆掺杂在一起的一次事故？在事故之后我立即进行的非正式查询中，发现那些有科学爱好的人通常提及第二种考虑（或许，愚昧无知的江湖骗子们使这种心灵狂热大为降温）；那些有更多的文学关注的人（几名极端者除外）咒骂那些小报摄影记者，或是翻来覆去地讥讽她的生活。不管在文化类型中的真实分布是什么，这两种立场是一对不自在的、但不是不相容的伙伴。给人的启示在于，多视角类型的文学立场最令人欣慰。各种各样的讲述小报摄影记者、爱情生活和王族家庭的陈腐故事，有助于分散人们对更悲痛的现实的注意力：将一次简单的噩运与人们面对任何死亡时通常具有的绝望和无能为力结合起来。

环境和其他无人区

许多作品的形式处于叙述和数学之间、文学和科学之间的灰色区域。用短语"无人区"来描述这个边缘区域，看起来特别合适，因为其真实特征很少。大多数科普读物、相当一部分科幻小说、某些经济著作、某些类型的哲学作品，甚至色情书刊都在这一无人区。当然，这些作品包含某些叙述约定和伪当事人，但是，故事通常都非常松散，主要是为真正有吸引力的部分提供舞台：在科普作品中的解释和阐述；科幻作品中的前提及其后果，以及高科技装置；经济文章中的货币和财政原理的解释；寓言和思维实验试图阐明的哲学观点；色情作品中描述的性行为等等。

　　一种"医生的困境"式的关于环境的连篇累牍的作品，有时也会占领这一灰色区域。尤其在它们关注遥远的将来时，几乎总是如此。科学、科学幻想、经济学、哲学以及吓人的听闻、不堪入目的场景，都在未来学者的环境构想中扮演角色，而现实的人们却形同虚设。这些构想就像罗夏检验[9]那样，让我们把自己的偏见硬加给一个变化无常、错综复杂而又无关大局的景观。考虑这样几个例子是有益的，其中既没有贪婪的合伙掠夺者，也没有虔诚的环保主义者在起作用；同时，去除了大量但不是全部的叙述成分。

195

　　首先，假定在千禧年的前夕，社会必须作出一个主要的环境政策，并且，不实行该政策性建议会给未来带来许多风险。如果采纳它，开始时会有一些社会动荡——人们改变居住地点，建造大量房屋和建筑物，形成新的组织——但是这一有风险的政策，将带来至少持续300年的生活水平的显著提高。

　　然而，在那之后的某个不能确定的时间，将发生一场直接归咎于采纳这一有风险的政策的大灾难，其中将会有五千万人死亡。（可以把这一决定想象为有关核废料的处置或在地质不稳定地区建房。）现在，正如英国哲学家德雷克·帕菲特（Derek Parfit）在《理智与人》（*Reasons and Persons*）中提出的那样，可能得出的结论是，采纳这一风险政策的决定对谁都没有坏处。这一政策对那些在灾难发生前的世纪里提高了生活水平的人们来说，的确没有坏处。

再进一步说，这一政策对于那些死于灾难的人来说，也不是坏事，因为决定采纳这一风险政策时，他们可能还没有出生。我们记得这一政策曾导致某种初始动荡，随后，关系到当时存在的夫妇，该何时孕育他们的孩子（因此，也关系到他们孩子的身份）；同样，由于不同的人们被安排到了一起，关系到哪些男女将配对成为夫妇，随后又成为父母（因此关系到他们孩子的身份）。在几个世纪的过程中，这些差异将被放大和剥离，以致可以合理地假定，不作出有风险的政策决定，大灾难发生之日所活着的人没有一个是存在的。换句话说，那些死去的人将是因为有了这个决策才有他们的存在。

这样，我们就有一个直接导致五千万人死亡的决定的例子，而它对谁都不能说是有害的。很明显，需要某个（些）客观的道德准则，使得我们可能拒绝这一风险政策。如果没有一个故事——一种观点、一个解说员以及一些能使我们辨明是非的演技细腻的演员——的直接演示，绝大多数人很难关心这场不可避免的灾难。如果一场大灾难将在遥远的将来发生，没有一个人意识到它，那么……？

另一个涉及未来 300 年的例子是《扶手椅中的经济学家：经济学与日常生活》(*The Armchair Economist; Economics and Everyday Life*) 的作者史蒂文·兰茨贝格（Steven Landsburg）提供的。他论证说，尽管我们被说成是在掠夺地球，但我们的后代会无可比拟地比我们生活得好；因而我们对于环境的考虑有时是多余的。兰茨贝格让我们设想一个年收入大致为当前平均水平 32 000 美元的四口之家。如果美国的人均国民收入确实按照相当合理的 2% 的年实际增长率增长（这从经济史来看是相当可行的），那么恰好在 300 年后，这个四口之家（当然，不会再是这一个）将拥有一份超过 1 200 万美元的年收入。而且这不是通货膨胀后萎缩的美元；它们提供的就是 1997 年的一份超过 1 200 万美元收入的等价物。如果实际增长率再高一些，实现这样的收入所需要的时间还会大大缩短。

令人惊奇的是，每次都有环保团体来阻挠经济发展，而这也就是要求当代的上班族牺牲一点钱来使未来一代的千万富翁高兴。（并且，看来在那时，他们将是更长命的千万富翁；1920 年，美国人的平均寿命是 54 岁；而在 1985 年它已上升到 75 岁。）这是累进税制的逆转；在这一税制下，税务官可以收取比如高收入的 40%。这种累进制度的精神，看来会让失业的伐木工人也能享受到我们那些拥有难以置信财富的后代一览无余的原始森林美景。尤其是，我们的后代可能宁愿放弃森林美景来换取地区经济的可观增长。不必多说，这都是狡辩。

这样，再次遇到问题（无论是科学性的还是道德性）的抽象性，以及把传统的故事强加在上面的困难。这些都不能引起那些在贪欲和利益的驱动下偏爱武力解决的人的注意。在考虑可能很遥远的未来环境时，我们似乎是在随波逐流，只有这些抽象的故事在指引着我们。这些故事和标准的谜语，诸如"囚徒困境[10]"和"公地悲剧[11]"等等，都比什么也没有要好得多。但在这些之外，总还有一些无人区，看起来需要我们给它加上一些不尽适宜的叙述结构。

198

说说宗教和超宗教

涅槃、伊甸园、香格里拉、天堂。在许多宗教信仰中，假定未来有这样的"极乐世界"存在的叙述，都扮演了一个举足轻重的角色。各种宗教的造物神话、神圣的编年史和神启预言，当然也被当作活生生的故事。举例来说，在《圣经》（*Bible*）里，从《创世记》（*Genesis*）到《启示录》（*Revelations*），充满了人物、观点、愿望和恐惧、来龙去脉的特殊性、独一无二的主张、及时的指引、陪衬的情节以及每种能想到的故事成分。同样宏伟庄严、有血有肉的传说出现在《古兰经》（*Koran*）和《佛经》（*Bhagavad Gita*）中。尽管数学、统计学和科学有着难以估量的作用，然而，在同样的意义上它们对人物、情节或陪衬情节、来龙去脉、情感等等的感觉上一般缺少活力。

宗教可以部分地被认为是试图通过缩减——如果不是取消的话，来使个人与客观世界和谐起来（佛教是一个例外）。物理过程、客观力量、不太可能发生的事件、被曲解为个人的行动、万能的上帝和噩运的先兆，任何事物，包括对于有可能掌握的和假定存在的"大彻大悟"，都被理解为一个戏剧化故事的一部分。

（当发现不可能相信这样的故事时，我总是很想知道，无神论者和不可知论者可接受一种超宗教的可能性。我用"超宗教（ur-religion）"这个词来表示一种"宗教"，它没有任何形式的教条和叙述，但仍捕获了对于事物的某些本质的敬畏和惊奇，也能为心灵提供一片宁静。我对此所能提出的最好的是"好"教 [12]，它对于这个世界的纷乱、美丽和神秘，都只是简单地肯定和接受为"好"；它的唯一的祷文是一个词——"好"，这种具有最低限度要求的"好"教与更加复杂的宗教是相容的［一个例外是"不好"（Nah）教］，并且与非宗教的道德规范和以自我为中心的自由生活态度及其故事也是一致的。更进一步地说，它与一种科学的视野，以及那种认为不确定性中的确定性是我们所能期望的唯一确定性的思想极为一致。）

物理科学展示了对故事的明显不同的态度。它们的许多主张可被看作试图缩减——如果不是取消的话，人们的最个人化的情感和态度、成功和失败，都被描述为只不过是某些心理-社会-生物-化学-物理的综合，甚至连"我"的自我和情感都可被解释为一种滑稽的错觉，它产生于有机体的生物需求以及大脑的全然的深不可测性。

最终，在故事与统计之间的缺口，也许还有宗教和科学之间的缺口，可能是精神-肉体问题的一个侧面，这就是意识与物质之间的关系问题，这是一个谜，它有各种各样的解答，一会儿消失，一会儿又顽强地重视，使我甚至都不想列举这一历程。无论我们拥有的（或缺乏的）宗教情感或科学理解是什么，只要阻止那些头脑简单的、普遍而又具毁灭性的相互吞并的企图，宗教故事和科学／统计报告就可能在彼此分离的王国里共存。某些缺口之间，只要有任何沟通它们的桥梁，就应该拥有可供个人通过的窄道。

当人们能够超越对证据和实证检验的依赖时，这个世界的复杂性就会为形形色色的信仰提供广阔的空间。这里有超出我们集体的复杂性水平的、取之不尽、用之不竭的想象空间，让各种各样的造物神话、野史注记、来世故事驰骋飞跃，以及各种各样的传统和民族感情由此而生。对于某些人来说，一种智力上的分隔，可能对于同时接纳科学和宗教是必要的，但在较小的范围内，这种双重视角在日常生活中同样需要，在日常生活中，我们都在我们自己的第一人称和第三人称的视角之间变戏法。

我们怎样才能为个人保留一个位置，使其免受宗教、社会甚至科学的一些过分主张的影响；这是一个越来越重要的尚未解决的问题。我毫不怀疑，这一问题的解决，将要求断然决然地接受故事与统计两者及其联结的不可缺少性，接受同时使用两者、并经这两方面来塑造的个人。故事与统计之间的缺口必定会被我们用某种方法填平。 201

译者注：

1. 缪塞尔（1880—1942），奥地利作家。
2. 赖尔（1900—1976），英国哲学家。
3. kebab 和 kebob 在英语中都指烤肉。
4. 沃尔夫（1931—2018），美国记者。"新新闻业"的代言人。主张公然用虚构的手段去刻画有意歪曲的事实。
5. 启蒙运动和浪漫主义都是指 18—19 世纪欧洲的思想运动。
6. 圣菲是美国新墨西哥州的首府。圣菲研究所成立于 20 世纪 80 年代中期，发起人中有好几名诺贝尔奖得主。它以研究系统科学，尤其是以研究混沌学和复杂性理论著称。
7. 麦卡锡（1927—2011），美国计算机科学家。

8. 萧伯纳（1856—1950），爱尔兰出生的英国作家和剧作家。1925 年诺贝尔文学奖获得者。

9. 20 世纪 30 年代开始兴起的由瑞士精神病学家罗夏（Hermann Rorschach，1884—1922）提出的一种心理检验方法。它用一些带墨迹的卡片让被检验者来识别，以判断被检验者的下意识。

10. 对策（博弈）论中的著名问题。它可表示为一个二人非零和矩阵对策问题。其故事形式是：有两个囚徒正被审判。如果两人都不认罪，那么他们都可因证据不足而被轻判；如果两人都揭发对方，则都将被重判；如果一人不认罪，另一人揭发对方，那么不认罪的将被重判，揭发者被释放。在这种情况下，如果两人不能互通消息，所采取的对策一定都是揭发对方，导致对两人而言都是最坏的结果。

11. 美国生态学家和教育家哈丁（Garrett James Hardin，1915—2003）1968 年发表的文章，论述由于不可持续的经济发展将耗尽资源、破坏生态。

12. 原文是 the "Yeah" religion，Yeah 是口语中的 Yes（是）。

文献精选

　　所列出的——杂项、可做的事、课题等等清单都位于叙述与数字之间巨大的连续统一体中。由于所关注的是某种朦胧的、复杂的主题，下列文献清单多少有点随意性。下面的几本书对本书提出的问题作了更详尽的技术性的阐述。

Applebaum, David. *Probability and Information.* New York: Cambridge University Press, 1996

Barrow, John D. *Impossibility.* New York: Oxford University Press, 1998

Barwise, Jon. *The Situation in Logic.* Stanford, Calif.: Stanford University Press, 1989

Beckett, Samuel. *Watt.* New York: Grove Press, 1970

Borges, Jorge Luis. *Labyrinths.* New York: New Directions, 1988

De Botton, Alain. *How Proust Can Save Your Life.* New York: Pantheon, 1997

Casti, John L. *Searching for Certainty.* New York: Morrow, 1990

Chaitin, Gregory. *The Limits of Mathematics.* Singapore: Springer-Verlag, 1997

Cuzzort, R P., and James S. Vrettos. *Statistical Reason.* New York: St. Martin's Press, 1996

Dennett, Daniel, *C. Darwin's Dangerous Idea.* New York: Simon & Schuster, 1995

Devlin, Keith. *Goodbye, Descartes.* New York: Wiley, 1997

Drosnin, Michael. *The Bible Code.* New York: Simon & Schuster, 1997

Empson, William. *Seven Types of Ambiguity.* New York: New Directions, 1947

Gardner, Martin. *The Whys of a Philosophical Scrivener.* New York: Quill, 1983

Gell-Mann, Murray. *The Quark and the Jaguar.* New York: Freeman, 1994

Gould, Stephen Jay. *Full House.* New York: Harmony Books, 1996

Haack, Susan. *Philosophy of Logics.* Cambridge University Press, 1978

Hofstadter, Douglas. *Le Ton Beau de Marot.* New York: Basic Books, 1997

Horgan, John. *The End of Science.* New York: Addison-Wesley, 1996

Johnson, George. *Fire in the Mind.* New York: Knopf, 1995

Kadane, Joseph B., and David A. Schum. *A Probabilistic Analysis of the Sacco and Vanzetti Evidence.* New York: Wiley, s1996

Kauffman, Stuart. *At Home in the Universe.* New York: Oxford University Press, 1995

Moore, David, and George McCabe. *Introduction to the Practice of Statistics.* New York: Freeman, 1993

Parfit, Derek. *Reasons and Persons.* Oxford, U.K.: Clarendon Press, 1984

Paulos, John Allen. His previous books are of some relevance to the matters discussed in this one

Quine, Willard Van Orman, *Methods of Logic.* Holt, Rinehart, and Winston, 1959

Ronen, Ruth. *Possible Worlds in Literary Theory.* Cambridge University Press, 1994

Ross, Sheldon. *First Course in Probability.* New York: Macmillan, 1994

Ruelle, David. *Chance and Chaos.* Princeton, N.J.: Princeton University Press, 1991

Sterne, Laurence. *The Life and Opinions of Tristram Shandy, Gentleman*

Sutherland, Stuart. *Irrationality: The Enemy Within.* Constable, 1992

Turner, Mark. *The Literary Mind.* New York: Oxford University Press, 1995

Tversky, Amos, and Daniel Kahneman. *Judgement Under Uncertainty: Heuristics and Biases.* Cambridge University Press, 1982

索 引